普通高等教育“十四五”规划教材

广西大学出版立项教材

动物解剖学实验实习指导

全彩版

黎宗强　苏接瑜◎主编

中国农业大学出版社
China Agricultural University Press
·北京·

内容简介

本教材包括动物解剖学实验和动物解剖学实习两部分。实验部分主要以牛大体解剖学知识点为主，实习部分介绍了猪、牛（羊）、鸡的解剖。书中插图主要以高清、美观的实体标本图片为主，图片配有演示微视频，同时还将最新研究成果、临床案例和应用融入到知识点中。本书是一本信息化程度高，具有一定的深度和广度，紧贴教学的新形态教材。本教材将很好地服务于动物医学和动物科学等动物相关专业的动物解剖学实验课程的开展。

图书在版编目（CIP）数据

动物解剖学实验实习指导：全彩版 / 黎宗强，苏接瑜主编. --北京：中国农业大学出版社，2024.4

ISBN 978-7-5655-3163-7

Ⅰ.①动… Ⅱ.①黎… ②苏… Ⅲ.①动物解剖学－实验－高等学校－教材 Ⅳ.①Q954.5-33

中国国家版本馆CIP数据核字（2024）第036594号

书　名 动物解剖学实验实习指导（全彩版）
Dongwu Jiepouxue Shiyan Shixi Zhidao (Quancaiban)

作　者 黎宗强　苏接瑜　主编

策划编辑 赵　艳　　**责任编辑** 赵　艳

封面设计 中通世奥图文设计

出版发行 中国农业大学出版社

社　址 北京市海淀区圆明园西路2号　　**邮政编码** 100193

电　话 发行部 010-62818525, 8625　　读者服务部 010-62732336
编辑部 010-62732617, 2618　　出　版　部 010-62733440

网　址 http://www.caupress.cn　　**E-mail** cbsszs@cau.edu.cn

经　销 新华书店

印　刷 河北虎彩印刷有限公司

版　次 2024年4月第1版　2024年4月第1次印刷

规　格 185 mm × 260 mm　16开本　9.75印张　243千字

定　价 58.00元

编审人员

主　　编：黎宗强（广西大学）
　　　　　苏接瑜（广西大学）

参　　编（按姓氏拼音排序）
　　　　　陈正礼（四川农业大学）
　　　　　范小龙（华南农业大学）
　　　　　富国文（云南农业大学）
　　　　　胡传活（广西大学）
　　　　　李　剑（浙江大学）
　　　　　刘文涛（四川农业大学）
　　　　　任　曼（安徽科技学院）
　　　　　司丽芳（河南科技大学）
　　　　　宋小白（广西大学）
　　　　　王水莲（湖南农业大学）
　　　　　吴学祥（贵州大学）
　　　　　谢　江（广西农业职业技术大学）
　　　　　叶亚琼（佛山科学技术学院）

制　　图：苏接瑜（广西大学）
　　　　　林静怡（广西大学）
　　　　　杨嘉昊（广西大学）

主　　审：彭克美（华中农业大学）

前　言

动物解剖学是动物医学和动物科学专业的一门核心基础课。作为形态学课程，实验教学是动物解剖学课程教学体系重要的组成部分。为深入贯彻落实党的二十大关于“实施科教兴国战略，强化现代化建设人才支撑”的精神，编写团队将信息技术、新型标本、临床案例和应用等融入到教材中，形成一本信息化程度高、具有一定深度和广度、紧贴教学的新形态教材。本教材将很好地服务于同学们的学习和教师们的教学，提升课程对学生能力的培养，为国家农业现代化和乡村振兴培养专业理论知识扎实、实践技能过硬，爱农、学农、兴农的畜牧兽医专业人才打下坚实的基础。

全书内容分为动物解剖学实验和动物解剖学实习两部分。实验部分主要以牛的大体解剖学知识点为主，在消化器官、呼吸器官、泌尿器官和生殖器官内容中加入了马和猪的解剖学知识进行比较。实验共分 24 节，在编写上省去了概念解释，对器官的形态构造和空间位置进行了简洁、有序的介绍，重难点突出；每节实验控制在 2 ～ 3 个课时，插图主要为高清、真实的标本图片，图片配有微视频，读者不仅可以在书中看到标本，通过手机扫码还能观看标本教学演示。同时，每节实验都配有相应的理论知识回顾慕课视频（参见“学银在线”网站）。每节实验结构上分为教学目标、实验教具、实验内容、思考题和作业五大部分。其中在思考题设置上引入了临床案例、临床技术和最新科研成果等，以此拓展和延伸知识点。课后作业为对相关知识点进行绘图，通过绘图巩固同学们对知识点的理解。

实习部分介绍猪、牛（羊）、鸡的解剖，每节实习结构上包括教学目标、材料及器具、注意事项、方法与步骤、实验善后、实习总结六部分。其中在方法与步骤上，详细介绍了解剖方法，以系统进行概括知识点，每种动物的解剖都配备理论知识介绍和动物解剖演示视频，方便同学们课前的预习和课中实验的开展。全书累计插图 110 幅，包括实体标本图 106 幅，手绘图 4 幅；微视频 72 个，全部由编写团队制作。

本教材是在宋小白等老师编写的《动物解剖学实验指导》基础上编写而成的，在编写过程中也得到了宋老师的大力支持和指导，在此表示衷心感谢。多所兄弟院校的老师参与了本书的编写，他们为本教材提供了丰富的素材和宝贵的意见。书中的手绘图由林静怡和杨嘉昊同学绘制，在此深表感谢。

由于编者知识水平有限，书中难免有错误和不妥之处，恳请广大读者批评指正。

编　者

2023 年 7 月

目录

第一部分　动物解剖学实验

第二部分　动物解剖学实习

第一部分

动物解剖学实验

实验一 牛躯干骨及其连接

【教学目标】

1. 掌握全身骨的划分。
2. 掌握椎骨的基本形态构造和各部椎骨的构造特征。
3. 掌握躯干骨之间的连接特点。
4. 了解肋骨和胸骨的形态构造。

一、实验教具

标本：牛、马、猪的全身骨架，牛躯干各骨的分离标本和连接标本。

二、实验内容

（一）牛全身骨划分

牛全身骨分为中轴骨、四肢骨和内脏骨（图 1–1）。中轴骨又分为头骨和躯干骨。四肢骨包括前肢骨和后肢骨。少数动物有内脏骨，如牛在主动脉环内有左、右两块心骨。

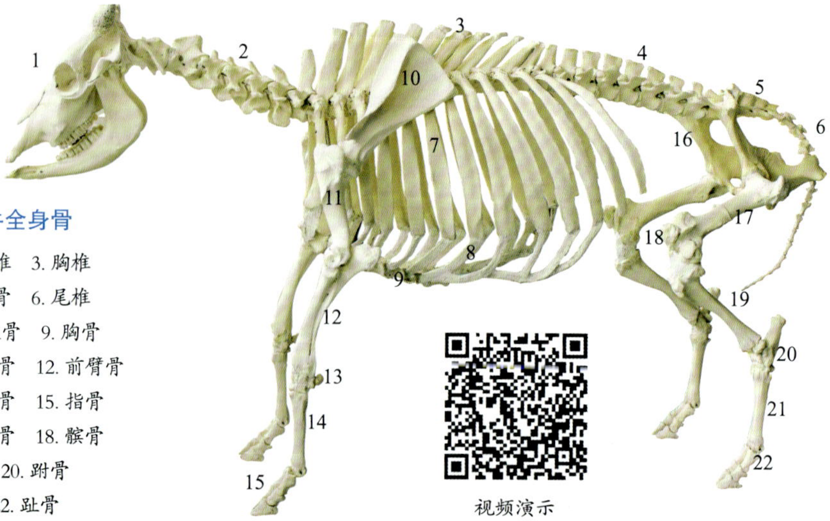

图 1–1 牛全身骨

1. 头骨 2. 颈椎 3. 胸椎 4. 腰椎 5. 荐骨 6. 尾椎 7. 肋骨 8. 肋软骨 9. 胸骨 10. 肩胛骨 11. 肱骨 12. 前臂骨 13. 腕骨 14. 掌骨 15. 指骨 16. 髋骨 17. 股骨 18. 髌骨 19. 小腿骨 20. 跗骨 21. 跖骨 22. 趾骨

（二）躯干骨

躯干骨包括脊柱、肋和胸骨。脊柱由一系列椎骨（颈椎、胸椎、腰椎、荐椎、尾椎）借助软骨、关节和韧带连接而成，构成畜体的中轴。

1. 椎骨的一般构造

椎骨由椎体、椎弓和突起组成（图 1–2）。椎体和椎弓间围成椎孔，一系列椎骨的椎孔串联形成椎管，可容纳脊髓。

（1）椎体　位于椎骨的腹侧，呈短圆柱状，前端突出为椎头，后端凹陷为椎窝。

（2）椎弓　位于椎体的背侧，呈拱形。在椎弓基部有前切迹和后切迹各 1 对，相邻椎骨的前、后切迹围成椎间孔。

（3）突起　位于椎弓上，包括棘突、横突和关节突（前、后关节突）。棘突和横突是肌肉和韧带的附着处。相邻椎骨的前、后关节突形成关节。

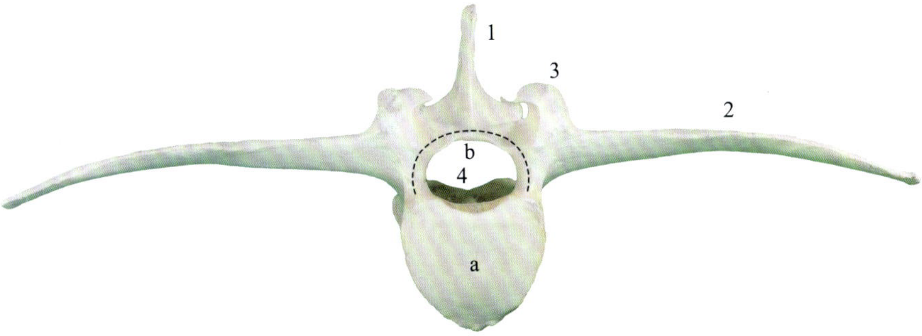

视频演示

图 1–2　椎骨（腰椎）的构造

a. 椎体　b. 椎弓　1. 棘突　2. 横突　3. 前关节突　4. 椎孔

2. 各部椎骨构造的特征

不同家畜各部椎骨的数目略有差异（表 1–1）。

表 1–1　家畜椎骨的数目

家畜种类	各部椎骨数目 / 枚				
	颈椎	胸椎	腰椎	荐椎	尾椎
牛	7	13	6	5	18 ～ 20
羊	7	13	6 ～ 7	4	13 ～ 24
马	7	18	5 ～ 7	5	15 ～ 21
猪	7	13 ～ 16	5 ～ 7	4	20 ～ 23

（1）颈椎　牛的颈椎总共 7 枚，除第 3 ～ 6 颈椎形态相似外，其他颈椎形成特殊的形态。

①第 1 颈椎：又称寰椎，由背侧弓和腹侧弓及横突构成，无椎体、棘突和关节突（图 1–3）。前端有凹陷的关节窝，后端有鞍状关节面。横突呈翼状，又称寰椎翼，翼上有寰椎窝、椎外侧孔和翼孔。

②第 2 颈椎：又称枢椎，除无前关节突外，拥有椎骨的一般构造（图 1–4）。其特点为

前端形成齿突，齿突周围有鞍状关节面，棘突呈板状，横突基部有横突孔形成管状。各颈椎横突孔串联形成横突管。

③第 3 ～ 5 颈椎：拥有椎骨的一般构造（图 1–5）。其特点为椎体的椎头、椎窝明显，有腹侧嵴；突起发达，关节突呈板状，横突分为背侧支和腹侧支。

④第 6 颈椎：与第 3 ～ 5 颈椎比较，其特点为椎体略短，无腹侧嵴。

⑤第 7 颈椎：特点为椎体短，棘突发达，横突不分支，无横突孔，椎窝两侧有与第 1 肋骨形成关节的后肋凹（图 1–6）。

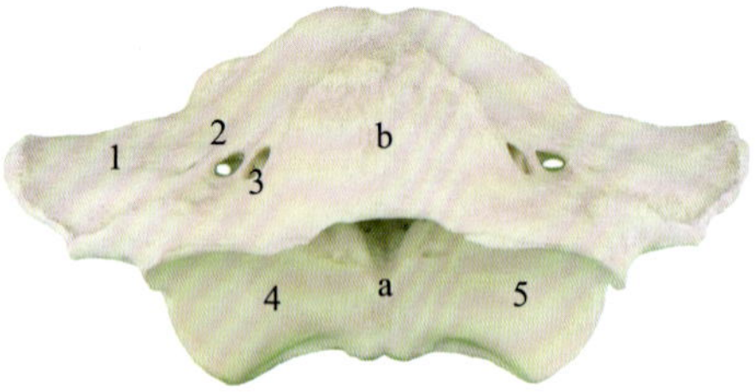

图 1–3　寰椎前面观

a. 腹侧弓　b. 背侧弓
1. 横突（寰椎翼）　2. 翼孔
3. 椎外侧孔　4 和 5. 关节窝

视频演示

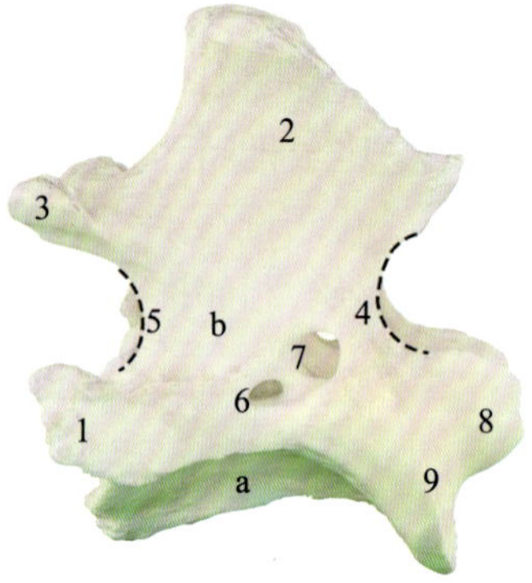

图 1–4　枢椎侧面观

a. 椎体　b. 椎弓
1. 横突　2. 棘突　3. 后关节突　4. 前切迹　5. 后切迹
6. 横突孔　7. 椎外侧孔　8. 齿突　9. 鞍状关节面

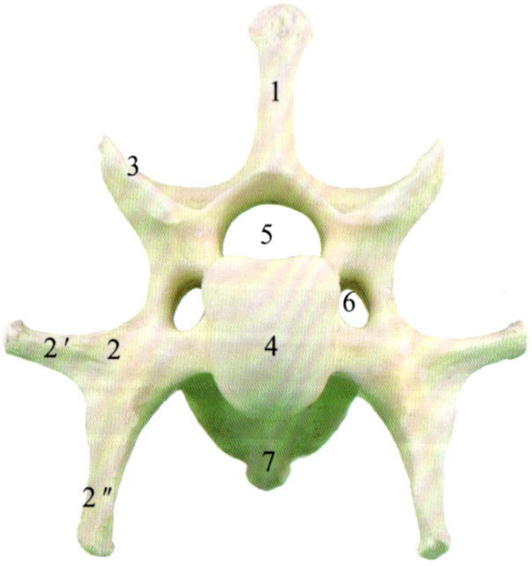

图 1–5　第 3 ～ 5 颈椎前面观

1. 棘突　2. 横突　2′. 横突背侧支　2″. 横突腹侧支
3. 前关节突　4. 椎头　5. 椎孔　6. 横突孔　7. 腹侧嵴

视频演示

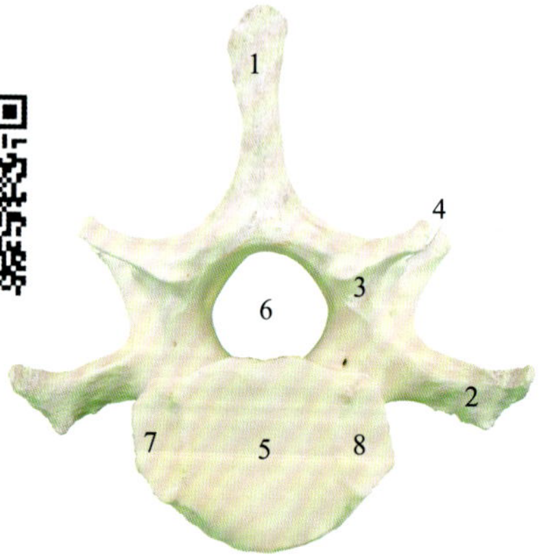

图 1–6　第 7 颈椎后面观

1. 棘突　2. 横突　3. 后关节突　4. 前关节突
5. 椎窝　6. 椎孔　7 和 8. 后肋凹

（2）胸椎　牛胸椎 13 枚，呈三棱形，位于胸腔背侧（图 1–7）。其棘突发达，第 2 ～ 6 胸椎棘突最高，形成鬐甲的骨质基础；横突和椎体短。胸椎与肋骨（图 1–8）相连，会形成特殊的构造，即肋凹（前肋凹、后肋凹、横突肋凹）。前肋凹位于椎头两侧；后肋凹位于椎窝两侧，其中最后胸椎无后肋凹；横突肋凹位于横突腹侧面。胸椎的前关节突和后关节突呈关节面，分别位于椎弓背面前部的两侧和棘突基部的后方。胸椎有椎外侧孔，其中第 1 ～ 5 胸椎椎外侧孔有时不完整。

（3）腰椎　牛腰椎6枚，构成腹腔顶壁的骨质基础，其特点为椎体发达，椎头和椎窝不明显，横突长，棘突高度与后部胸椎的相等（图1–2）。

（4）荐椎　牛荐椎5枚，互相愈合形成荐骨，构成骨盆腔顶壁的骨质基础（图1–9）。棘突愈合形成荐正中嵴。第1关节突明显，其余关节突愈合形成荐中间嵴。愈合的横突前部宽大为荐骨翼，翼后方有耳状关节面；后部薄而锐为荐外侧嵴。荐骨背面和盆面分别有荐背侧孔和荐盆侧孔，各4对，为血管和神经的通路。第1荐椎椎体前端的腹侧缘为荐骨岬。在荐骨盆面中部有脉管沟，荐中动脉沿此沟向后移行。

（5）尾椎　牛尾椎共有18～20枚，仅前5（6）枚尾椎具有椎骨的一般构造，越向后越退化（图1–10）。牛前几枚尾椎腹侧有成对的腹棘，中间构成血管沟，有尾中动脉经过。因此，尾根腹侧正中可作为牛诊脉的部位。

视频演示

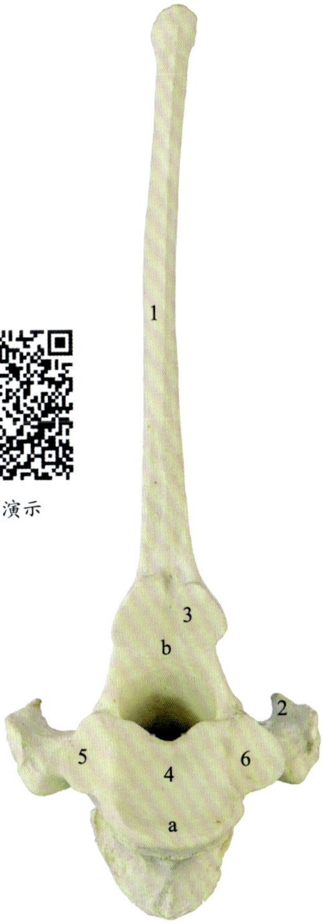

图1–7　胸椎后面观

a. 椎体　b. 椎弓
1. 棘突　2. 横突　3. 后关节突
4. 椎窝　5和6. 后肋凹

视频演示

图1–8　肋骨内面观

1. 肋头　1′. 前肋头关节面
1″. 后肋头关节面　2. 肋结节
3. 肋颈　4. 肋沟

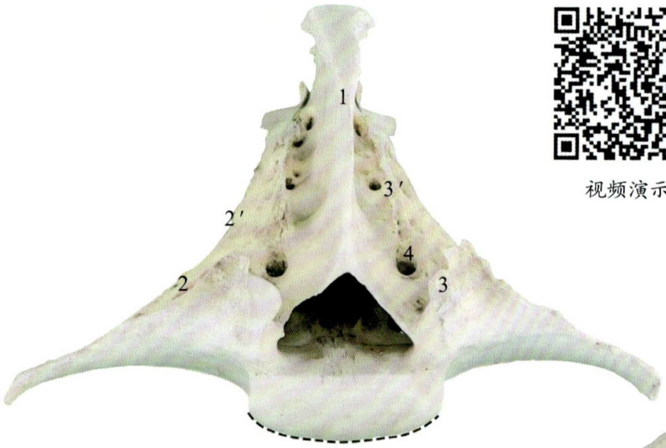

图 1-9　荐骨前面观

1. 荐正中嵴　2. 荐骨翼　2′. 荐外侧嵴　3. 前关节突　3′. 荐中间嵴　4. 荐背侧孔　5. 荐骨岬

视频演示

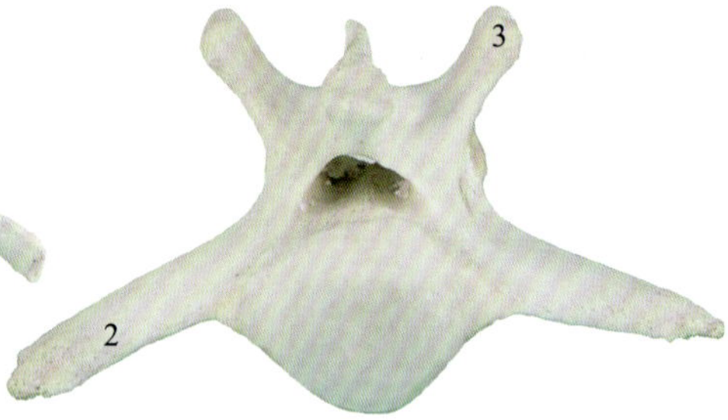

图 1-10　第 1 尾椎后面观

1. 棘突　2. 横突　3. 关节突

3. 肋

肋由肋骨和肋软骨组成。肋骨位于躯干的两侧，肋软骨位于肋骨的腹侧。

（1）肋骨　细长，牛有 13 对，通常把前 8 对肋骨称为真肋（胸肋），其对应的肋软骨与胸骨相接；后 5 对肋骨称为假肋（弓肋），其对应的肋软骨通过结缔组织连于前一肋软骨上（图 1-1、图 1-8）。两个肋骨之间形成肋间隙。肋骨椎骨端有肋头（肋小头）和肋结节，两者之间为肋颈。肋头有前、后肋头关节面与两相邻胸椎的前、后肋凹形成关节，肋结节与相应胸椎的横突肋凹形成关节。肋骨后缘内侧有肋沟，肋间神经和肋间背侧动脉、静脉沿此沟移行。

（2）肋软骨　由透明软骨构成，真肋的肋软骨远端与胸骨形成关节，假肋的肋软骨通过结缔组织由前至后紧密相连（图 1-1、图 1-11）。最后肋骨与假肋的肋软骨顺次相接，形成肋弓，为胸廓的后界。

4. 胸骨和胸廓

（1）胸骨　由 7 枚骨质的胸骨片借助软骨连接而成，形成胸廓底壁的正中，分为胸骨柄、胸骨体和剑状突 3 部分（图 1-11）。胸骨体两侧有肋窝与肋软骨形成关节。剑状突接剑状软骨。

视频演示

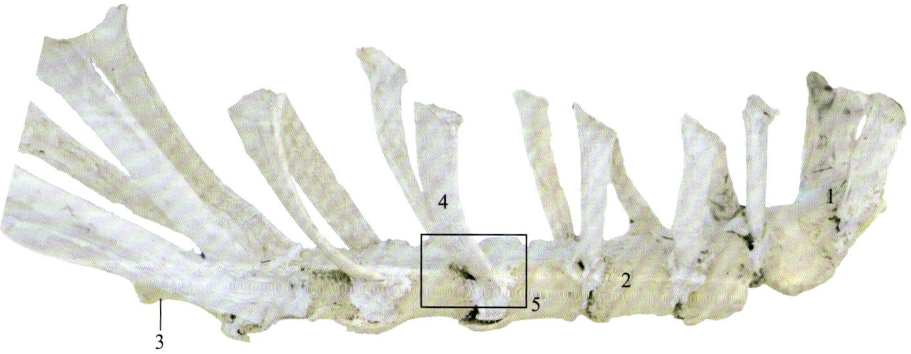

图 1-11　胸骨

1. 胸骨柄　2. 胸骨体　3. 剑状突　4. 肋软骨　5. 肋胸关节

（2）胸廓　是由背侧胸椎、两侧的肋骨和肋软骨及腹侧的胸骨围成的骨性支架（图 1–1）。胸前口小，由第 1 胸椎、第 1 对肋和胸骨柄形成。胸后口较大，由两侧肋弓、最后胸椎和剑状软骨形成。胸廓能够保护胸腔器官和参与呼吸。

（三）躯干骨的连接

躯干骨连接分为脊柱连接和胸廓连接。

1. 脊柱连接

脊柱连接包括：椎体间连接、椎弓间连接、寰枕关节和寰枢关节。

（1）椎体间连接　是相邻椎骨的椎头和椎窝之间，借助纤维软骨和韧带相连（图 1–12）。纤维软骨又称椎间盘，具有弹性，运动时起缓冲的作用。椎体间连接韧带有背侧纵韧带和腹侧纵韧带。

（2）椎弓间连接　包括椎弓板之间连接和各突起之间连接（图 1–12）。除关节突形成关节外，其余均由韧带连接。椎弓间连接韧带有棘上韧带、横突间韧带和棘间韧带。在颈部的棘上韧带发达，又称项韧带。项韧带分为左、右两半，每一半又分为索状部和板状部。

（3）寰枕关节　由寰椎的前关节窝和枕骨的枕骨髁构成，为双轴关节，关节囊宽大，可做屈伸和小范围的左右运动（图 1–13）。

（4）寰枢关节　由寰椎的鞍状关节面与枢椎的齿突构成，关节囊松大，运动范围较大，可左右转动头部（图 1–14）。

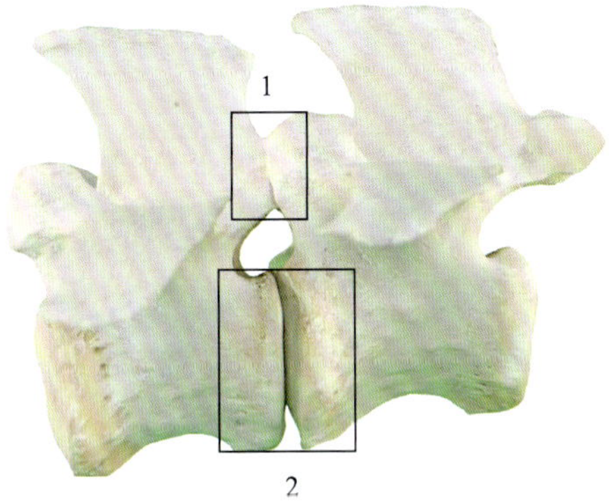

图 1–12　腰椎间连接

1. 关节突连接　2. 椎体间连接

视频演示

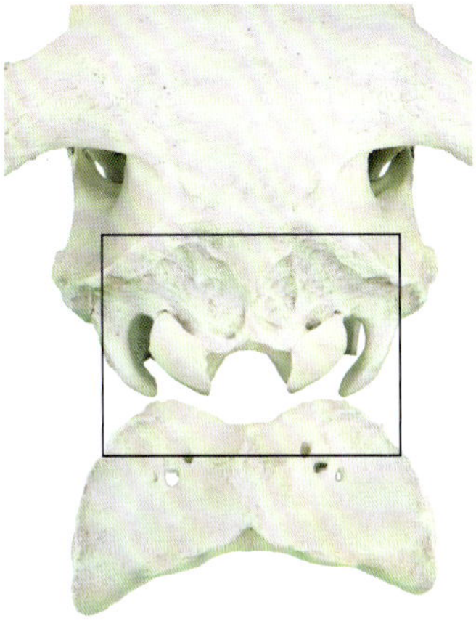

图 1–13　寰枕关节

2. 胸廓连接

胸廓连接包括肋椎关节和肋胸关节。

（1）肋椎关节　包括肋头关节和肋横突关节（图 1–15）。肋椎关节运动时，可使肋前、后移动而产生呼吸运动。前部的关节活动性小，后部的活动性大。

①肋头关节：由肋头上的两个卵圆形关节面与相邻两椎骨的前肋凹和后肋凹构成。

②肋横突关节：由肋结节关节面与胸椎横突肋凹构成。

（2）肋胸关节　由真肋的肋软骨与胸骨的肋窝构成（图 1–1、图 1–11）。第 2 ～ 11 肋骨远端和肋软骨的近端还形成肋软骨关节。

图 1-14 寰枢关节

视频演示

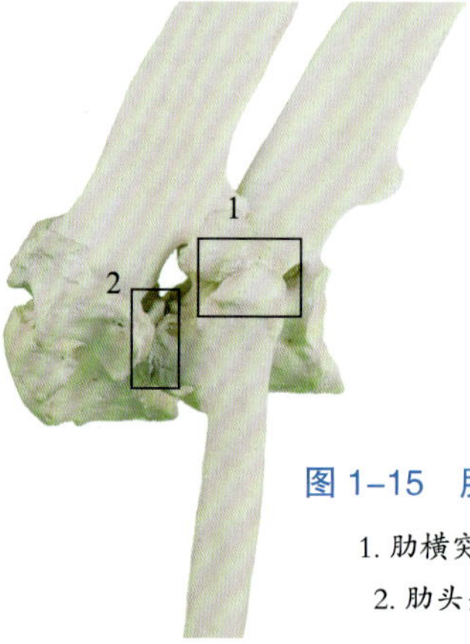

图 1-15 肋椎关节

1. 肋横突关节
2. 肋头关节

【思考题】

1. 简述椎骨的一般构造以及各部椎骨的特征。

2. 脊柱由哪几部分组成？如何连接？

3. 简述胸廓的功能、组成及连接。

4. 椎间盘突出是动物常见的脊柱疾病，请分析椎间盘突出原理，讨论椎间盘突出易发情形及如何预防。

【作业】

请手绘腰椎的连接方式，并注释。

实验二 牛头骨及其连接

【教学目标】

1. 掌握头骨各骨的名称和位置。
2. 掌握头骨的重要骨性标志。

一、实验教具

标本：牛头骨标本。

二、实验内容

视频演示

（一）牛头骨组成和形态构造

头骨包括颅骨和面骨两部分。

1. 颅骨

牛颅骨位于头骨的后上方，构成颅腔、感觉器官（眼、耳）和嗅觉器官的保护壁。枕骨、顶间骨和顶骨形成颅腔的后壁（图 2–1），额骨形成颅腔的顶壁，颞骨、顶骨和蝶骨形成颅腔的侧壁（图 2–2），枕骨和蝶骨形成颅腔的底壁（图 2–3），筛骨形成颅腔的前壁。

（1）枕骨　位于颅后部，由基底部（枕骨体）、侧部和枕鳞部组成。基底部形成颅腔底后部，侧部和枕鳞部形成颅腔后壁大部。枕骨后端正中有枕骨大孔，枕骨大孔两侧有卵圆形的关节面枕骨髁。枕骨髁外侧有颈静脉突，二者之间形成髁腹侧窝，窝内有舌下神经孔。马和猪的枕骨背侧形成枕嵴。

（2）顶间骨　是一块小骨，位于左、右顶骨和枕骨之间。

（3）顶骨　成对，位于枕骨的背侧，额骨的

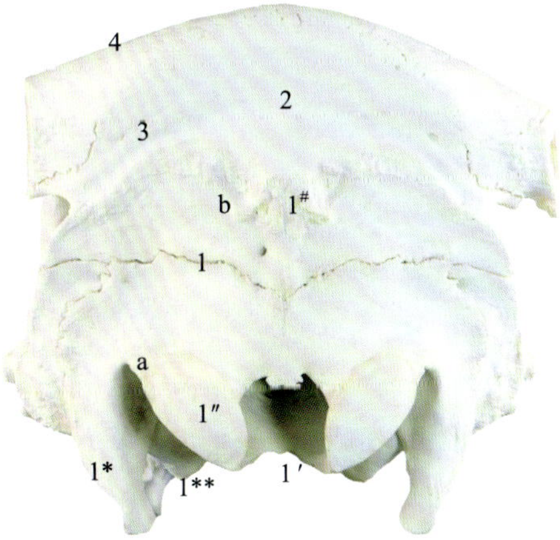

图 2–1　头骨后面观

a. 枕骨侧部　b. 枕骨枕鳞部
1. 枕骨　1′. 枕骨大孔　1″. 枕骨髁
1*. 颈静脉突　1**. 髁腹侧窝　1#. 枕外隆凸
2. 顶间骨　3. 顶骨（顶部）　4. 额骨

腹侧，包括顶部和颞部两部。顶部参与形成颅腔后壁，颞部参与形成颅腔的侧壁。

（4）额骨　成对，宽大，形成颅腔的顶壁。在额骨两侧有眶上突，形成眼眶的上界。眶上突后方为颞窝，前下方为眶窝，内侧有眶上沟，沟内有眶上孔。额骨后方有 1 对角突。

（5）颞骨　成对，位于颞窝内，参与形成颅腔侧壁，分为鳞部、岩部和鼓部。鳞部前端伸出颧突，腹侧有髁状关节面（关节结节）。岩部位于鳞部与枕骨之间，是中耳和内耳所在的部位。鼓部外侧有骨性外耳道，内侧有突出的鼓泡。

（6）蝶骨　由蝶骨体、2 对翼（眶翼、颞翼）和 1 对翼突组成，形如蝴蝶。蝶骨体形成颅腔底壁的前部，眶翼参与形成眼眶内侧壁，颞翼参与形成颅腔外侧壁，翼突形成鼻后孔的侧壁。蝶骨前缘与额骨及腭骨相连处有 4 个孔与颅腔相通，由上而下依次为筛孔、视神经孔、眶孔和圆孔。

（7）筛骨　位于颅腔和鼻腔之间，由筛板、垂直板和 1 对筛骨迷路（侧块）组成。筛板形成颅腔的前壁，在颅面形成 2 个容纳嗅球的筛骨窝。垂直板形成鼻中隔的后部。筛骨迷路由许多卷曲的薄骨板构成，向前突向鼻腔后部。

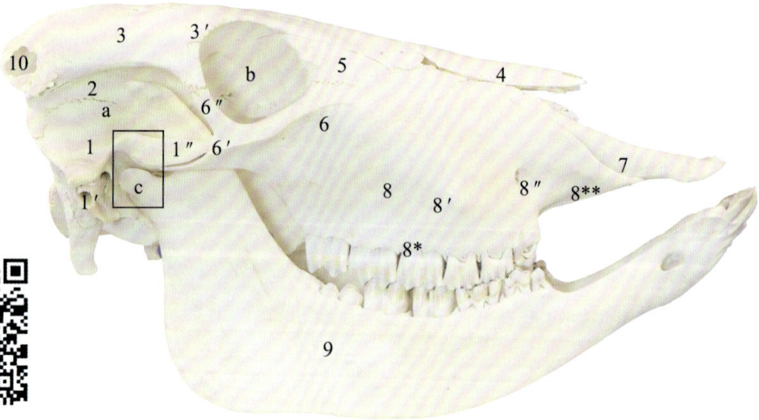

视频演示

图 2-2　头骨侧面观

a. 颞窝　b. 眶窝　c. 颞下颌关节

1. 颞骨（鳞部）　1′. 骨性外耳道　1″. 颧突　2. 顶骨（颞部）　3. 额骨　3′. 眶上突
4. 鼻骨　5. 泪骨　6. 颧骨　6′. 颞突　6″. 额突　7. 切齿骨　8. 上颌骨　8′. 面结节
8″. 眶下孔　8*. 齿槽缘　8**. 齿槽间缘　9. 下颌骨　10. 角突

2. 面骨

面骨位于头骨的前下方，形成口腔、鼻腔、咽、喉和舌的支架，由成对的鼻骨、泪骨、颧骨、上颌骨、切齿骨、腭骨、翼骨、上鼻甲骨、下鼻甲骨及不成对的犁骨、下颌骨和舌骨构成（图 2-2 至图 2-4）。

（1）鼻骨　位于额骨的前下方，形成鼻腔的顶壁大部。

（2）泪骨　位于眼眶的前内侧，可分为眶面、鼻面和颜面。在眶面有漏斗状的泪囊窝，窝内有鼻泪管的开口。

（3）颧骨　位于泪骨腹侧，形成眼眶的下界，有额突和颞突两个突起。颞突与颞骨的颧突相连形成颧弓。

（4）上颌骨　位于面部两侧，由骨体和腭突组成。骨体构成鼻腔的侧壁，其外侧有不明显的面嵴，前方有面结节和眶下孔。腭突形成硬腭骨质基础的中部。下颌骨下缘为齿槽缘，有 6 个臼齿槽；前端无齿槽部为齿槽间缘。

（5）切齿骨（颌前骨） 位于上颌骨前方，形成鼻腔的侧壁和下底及口腔顶壁的前部，包括骨体、腭突和鼻突 3 部分。左、右腭突形成硬腭骨质基础的前部。鼻突形成鼻腔前部的骨质基础。牛切齿骨骨体无切齿槽。腭突、鼻突和上颌骨之间形成腭裂。鼻突与鼻骨之间形成鼻颌切迹。

（6）腭骨 位于上颌骨腭突后部，可分为水平部和垂直部。水平部位于上颌骨腭突的后方，与上颌骨的腭突和切齿骨的腭突形成硬腭的骨质基础。垂直部形成鼻后孔侧壁的大部。

（7）翼骨 为成对的薄骨片，构成鼻后孔侧壁后部的支架。

（8）犁骨 位于鼻腔底面正中，形成中隔沟，容纳筛骨垂直板和鼻中隔软骨。

（9）鼻甲骨 为 2 对附着在鼻腔侧壁上的卷曲薄骨片。上、下鼻甲骨将每侧的鼻腔分为上、中、下 3 个鼻道。

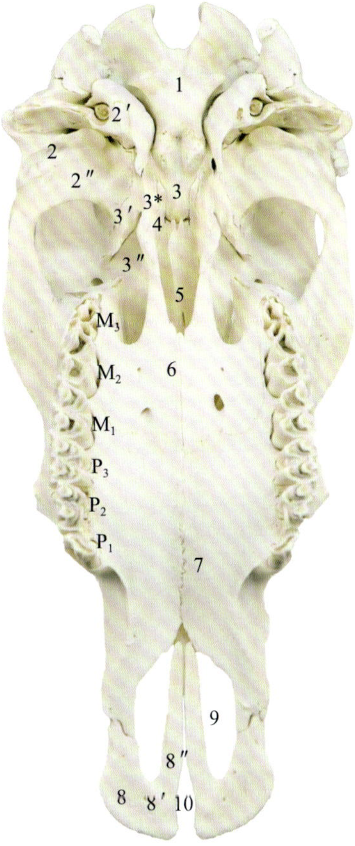

图 2-3 头骨腹面观

P_1. 第 1 前臼齿 P_2. 第 2 前臼齿 P_3. 第 3 前臼齿
M_1. 第 1 后臼齿 M_2. 第 2 后臼齿 M_3. 第 3 后臼齿
1. 枕骨（基底部） 2. 颞骨 2′. 鼓泡（鼓部） 2″. 髁状关节面
3. 蝶骨（蝶骨体） 3′. 颞翼 3″. 眶翼 3*. 翼突 4. 翼骨
5. 犁骨 6. 腭骨（水平部） 7. 下颌骨（腭突） 8. 切齿骨
8′. 骨体 8″. 腭突 9. 腭裂 10. 切齿裂

视频演示

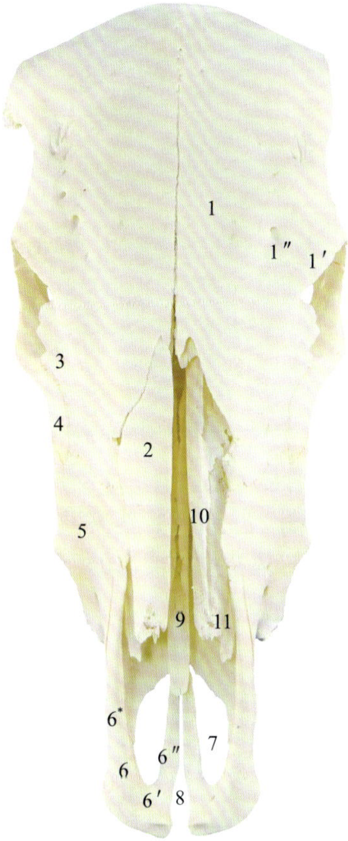

图 2-4 头骨背面观

1. 额骨 1′. 眶上突 1″. 眶上孔 2. 鼻骨
3. 泪骨 4. 颧骨 5. 上颌骨（骨体） 6. 切齿骨
6′. 骨体 6″. 腭突 6*. 鼻突 7. 腭裂
8. 切齿裂 9. 犁骨（中隔沟）
10. 上鼻甲骨 11. 下鼻甲骨

（10）下颌骨　为头骨最大的骨，分为前部的骨体和后部的下颌支（图 2–5）。两侧下颌骨体和下颌支之间形成下颌间隙。

①骨体：包括前部的切齿部（每侧有 4 个切齿槽）和后部的臼齿部（每侧有 6 个臼齿槽），两部分之间为齿槽间隙。骨体外侧前部有颏孔，后部有面动脉经过的面血管切迹（下颌血管切迹）（马诊脉的部位）。

②下颌支：内、外侧面均凹，供咀嚼肌附着。下颌支内侧面有下颌孔，后方上端有髁突（下颌髁）和冠状突。

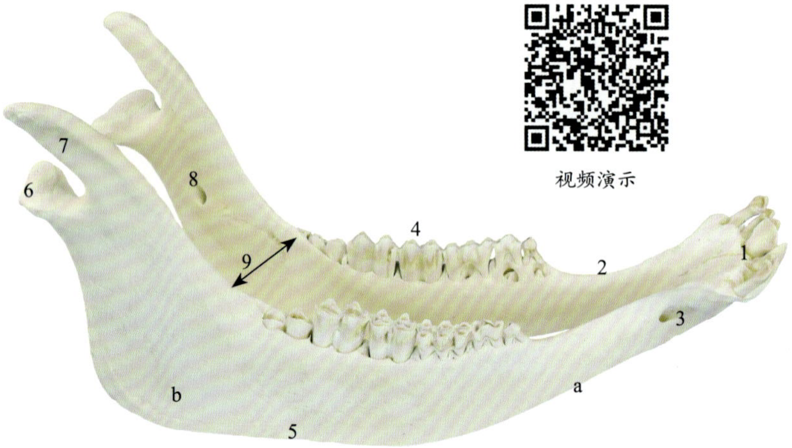

视频演示

图 2–5　下颌骨侧面观

a. 骨体　b. 下颌支

1. 切齿部　2. 齿槽间隙　3. 颏孔　4. 臼齿部　5. 面血管切迹

6. 髁突　7. 冠状突　8. 下颌孔　9. 下颌间隙

（11）舌骨　位于下颌间隙后部，由 1 个舌骨体（底舌骨）以及成对的角舌骨、甲状舌骨、上舌骨、茎突舌骨和鼓舌骨组成。舌骨体有向前突出的舌突。

3. 鼻旁窦

鼻旁窦为头骨内部直接或间接与鼻腔相通的一些腔，包括额窦（图 2–6）、上颌窦和蝶腭窦等。鼻旁窦内衬有黏膜，为鼻黏膜的延续。额窦较大，延伸于整个额骨、颅腔顶壁和部分后壁，并与角突的腔相连。上颌窦位于上颌骨、泪骨和颧骨内。蝶腭窦位于骨质硬腭内。

（二）头骨的连接

头骨之间连接大部分为直接连接，只形成颞下颌关节（图 2–2）。

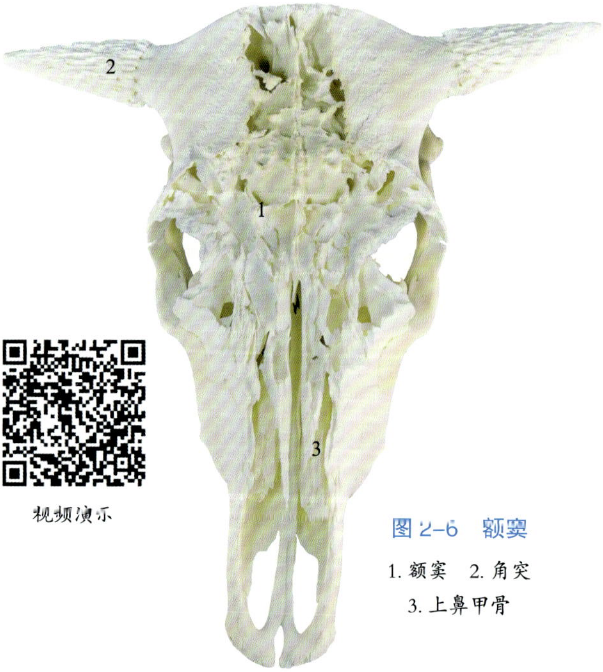

视频演示

图 2–6　额窦

1. 额窦　2. 角突

3. 上鼻甲骨

1. 直接连接

头骨之间大部分为不动连接，多借助缝、软骨或骨直接相连，彼此之间结合较为牢固。

2. 颞下颌关节

颞下颌关节由下颌骨的髁突与颞骨的髁状关节面构成。关节囊松弛，腔内有关节盘将关节分为上、下两部分，外侧有侧副韧带。两侧颞下颌关节同时活动，属联合关节，可进行开口、闭口和较大范围的侧运动。

【思考题】

1. 围成颅腔、鼻腔、口腔和眼眶的骨有哪些？各有何特征？
2. 指出上颌窦和额窦的体表投影，讨论和分析鼻窦炎的症状和发病原因。

【作业】

请手绘牛头骨的背面观和侧面观，并注释。

实验三 牛前肢骨及其连接

【教学目标】

1. 掌握肩胛骨、肱骨、尺骨和桡骨的形态构造，了解前脚骨各骨的位置和排列。
2. 掌握肩关节、肘关节、腕关节和指关节的构成、构造及运动特点。

一、实验教具

标本：牛前肢骨连接标本，牛、马、猪的前肢各骨分离标本。

二、实验内容

（一）牛前肢骨组成和形态构造

前肢骨由肩胛骨、肱骨、前臂骨和前脚骨组成。牛及其他有蹄动物的锁骨和乌喙骨已退化，肩带仅保留肩胛骨。前臂骨包括桡骨和尺骨。前脚骨包括腕骨、掌骨、指骨和籽骨。

1. 肩胛骨

肩胛骨为三角形扁骨，有 2 个面、3 个缘和 3 个角（图 3–1）。

（1）2 个面　为外侧面和内侧面。外侧面中部有纵行的肩胛冈，将其分为前部的冈上窝和后部的冈下窝。肩胛冈中部有粗糙的肩胛冈结节，下端为突出的肩峰（马无肩峰）。内侧面中部有浅的肩胛下窝，窝背侧前、后各有 1 个锯肌面。

（2）3 个缘　为前缘、后缘和背侧缘。前缘薄，后缘厚，背侧缘有肩胛软骨附着。

（3）3 个角　为前角、后角和腹侧角。前角与第 1～2 胸椎棘突相对；后角粗而厚，对应第 6～7 肋骨椎骨端；腹侧角又称关节角，与第 2 肋骨中部相

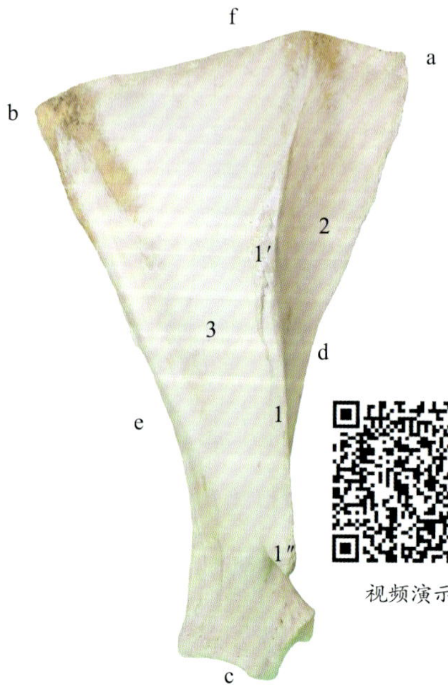

视频演示

图 3–1　右肩胛骨外侧面观

a. 前角　b. 后角　c. 腹侧角　d. 前缘
e. 后缘　f. 背侧缘
1. 肩胛冈　1′. 肩胛冈结节　1″. 肩峰
2. 冈上窝　3. 冈下窝

对。关节角内有关节盂，关节盂前上方有突出的盂上结节，结节内侧有乌喙骨退化形成的喙突。

2. 肱骨

肱骨又称臂骨，为管状的长骨，由近端、骨干和远端组成（图 3–2）。

（1）近端　粗大，有呈球状的肱骨头。肱骨头内、外侧分别有内侧结节（小结节）和外侧结节（大结节），其中马有中间结节。两结节之间形成结节间沟（肱二头肌沟）。

（2）骨干　略呈扭曲的圆柱状，外侧有螺旋状的臂肌沟。臂肌沟外上方有三角肌粗隆，内侧中部有大圆肌粗隆。

（3）远端（肱骨髁）　内、外侧分别有内侧髁和外侧髁，两髁后面形成肘窝，髁侧上方有相应的内侧上髁和外侧上髁。远端的前上方有浅的冠状窝。

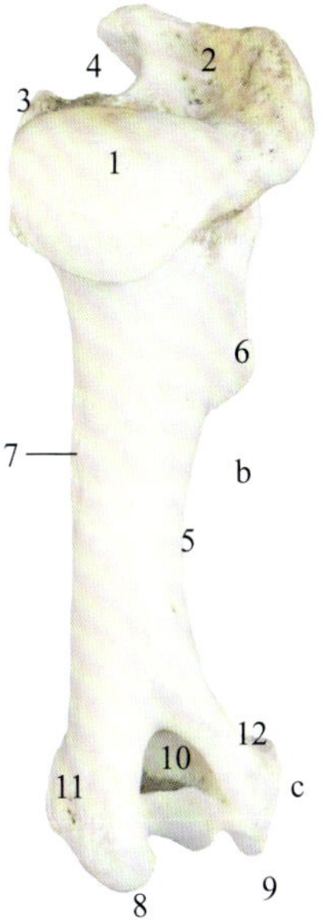

视频演示

图 3–2　右肱骨后面观

a. 近端　b. 骨干　c. 远端　1. 肱骨头　2. 外侧结节　3. 内侧结节　4. 结节间沟　5. 臂肌沟　6. 三角肌粗隆　7. 大圆肌粗隆　8. 内侧髁　9. 外侧髁　10. 肘窝　11. 内侧上髁　12. 外侧上髁

3. 前臂骨

前臂骨由桡骨和尺骨结合形成（图 3–3）。两骨之间形成前臂骨间隙，包括上方的前臂近骨间隙和下方的前臂远骨间隙。

（1）桡骨　位于前臂骨前内侧，分为近端、骨干和远端。

①近端：有桡骨头凹，与肱骨内、外侧髁形成关节。头凹背内侧稍下方有桡骨粗隆，内、外侧分别有内侧粗隆和外侧粗隆。

②骨干：前、后扁，向前微弓，与尺骨愈合。

③远端：有滑车状关节面与腕骨形成关节。

（2）尺骨　位于前臂骨的后外侧，较桡骨细而长，分为近端、骨干和远端。

①近端：粗大，突出部为鹰嘴。鹰嘴顶端粗糙为鹰嘴结节，鹰嘴的前缘中下部有一呈钩状的肘突，肘突下方有半月形的关节面（滑车切迹）。

②骨干：较细，呈三棱形，与桡骨相愈合并形成前臂近、远骨间隙，在结合处外侧有血管沟。

③远端：与桡骨结合，末端尖，形成茎突。

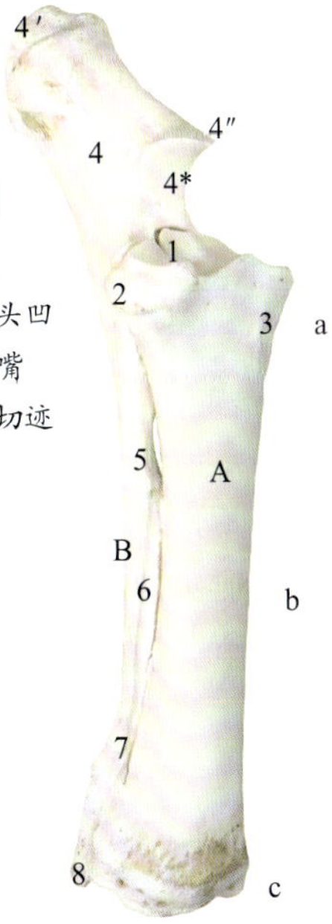

图 3–3　右前臂骨外侧面观

A. 桡骨　B. 尺骨　a. 桡骨近端　b. 桡骨骨干　c. 桡骨远端　1. 桡骨头凹　2. 外侧粗隆　3. 桡骨粗隆　4. 鹰嘴　4′. 鹰嘴结节　4″. 肘突　4*. 滑车切迹　5. 前臂近骨间隙　6. 血管沟　7. 前臂远骨间隙　8. 茎突

视频演示

4. 腕骨

腕骨属于短骨，不同家畜数目有所差异。牛有腕骨 6 枚，马有腕骨 7 枚，猪有腕骨 8 枚，都排成 2 列。牛的腕骨排列如图 3–4 所示。

图 3–4　右前脚骨背面观

1. 桡骨　2. 桡腕骨　3. 中间腕骨
4. 尺腕骨　5. 第 2 和第 3 腕骨愈合体
6. 第 4 腕骨　7. 大掌骨　7′. 掌骨粗隆
7″. 背侧纵沟　7*. 轴状关节面
8. 近指节骨　9. 中指节骨
10. 远指节骨

视频演示

（1）近列　4 枚，由内向外依次为桡腕骨、中间腕骨、尺腕骨和副腕骨。

（2）远列　2 枚，第 2 腕骨与第 3 腕骨愈合成较大的一块，位于内侧；外侧为第 4 腕骨。

5. 掌骨

不同家畜掌骨形态和数目不同。

（1）牛掌骨　3 枚，其中第 3、第 4 掌骨发达，愈合成大掌骨；第 5 掌骨小，为小掌骨，位于大掌骨近端外侧；第 1、第 2 掌骨退化（图 3–4）。大掌骨为长骨，前、后略扁。近端有 2 个微凹的关节面，背内侧有掌骨粗隆。骨干呈半圆柱形，背侧面正中有背侧纵沟，沟两端各有一孔通掌侧面；掌侧面正中有掌侧纵沟。远端有 2 个轴状关节面，分别与第 3、第 4 指的近指骨和近籽骨形成关节。每一轴状关节面中央均有较明显的矢状嵴。

（2）马掌骨　3 枚，第 3 掌骨发达，为大掌骨；第 2、第 4 掌骨小，为小掌骨；第 1、第 5 掌骨退化。

（3）猪掌骨　4 枚，第 3、第 4 掌骨发达，为大掌骨；第 2、第 5 掌骨细而短，为小掌骨；第 1 掌骨退化。

6. 指骨

指骨分为主指和悬指。每一主指包括 3 枚指节骨：近指节骨（系骨）、中指节骨（冠骨）和远指节骨（蹄骨）。每一悬指包括 2 枚指节骨：近指节骨和远指节骨。

（1）牛指　4 个，第 3、第 4 指发达，为主指（图 3–4）；第 2、第 5 指为悬指。

（2）马指　1 个，马属动物仅第 3 指发达，为主指；其他各指退化。

（3）猪指　4 个，第 3、第 4 指发达，为主指；第 2、第 5 指短而细，为悬指。

7. 籽骨

牛籽骨分为近籽骨和远籽骨，悬指无籽骨。

（1）近籽骨　4 枚，每个主指 2 枚，位于掌指关节的掌侧面。

（2）远籽骨　2 枚，每个主指 1 枚，位于远指节间关节的掌侧面。

（二）前肢骨的连接

牛前肢的连接包括前肢与躯干之间的连接和前肢各骨之间的连接。前肢的肩带与躯干之间不形成关节，而是借助肩带肌连接。前肢各骨之间均形成关节，自上而下依次为肩关节、肘关节、腕关节和指关节（图 3–5）。指关节又包括掌指关节、近指节间关节和远指节间关节。

1. 肩关节

（1）构成　由肩胛骨的关节盂与肱骨头构成。

（2）构造特点　关节角在后方，关节囊松大，无侧副韧带。

（3）运动方式　为多轴关节，主要进行屈伸运动。由于受内、外肌肉的限制，内收、外展运动范围较小。

2. 肘关节

（1）构成　由肱骨远端的肱骨髁与桡骨头凹及尺骨近端滑车切迹构成。

（2）构造特点　关节角在前方；关节囊掌侧较薄，背侧厚；关节两侧有侧副韧带连接。

（3）运动方式　为单轴复关节，只进行屈伸运动。

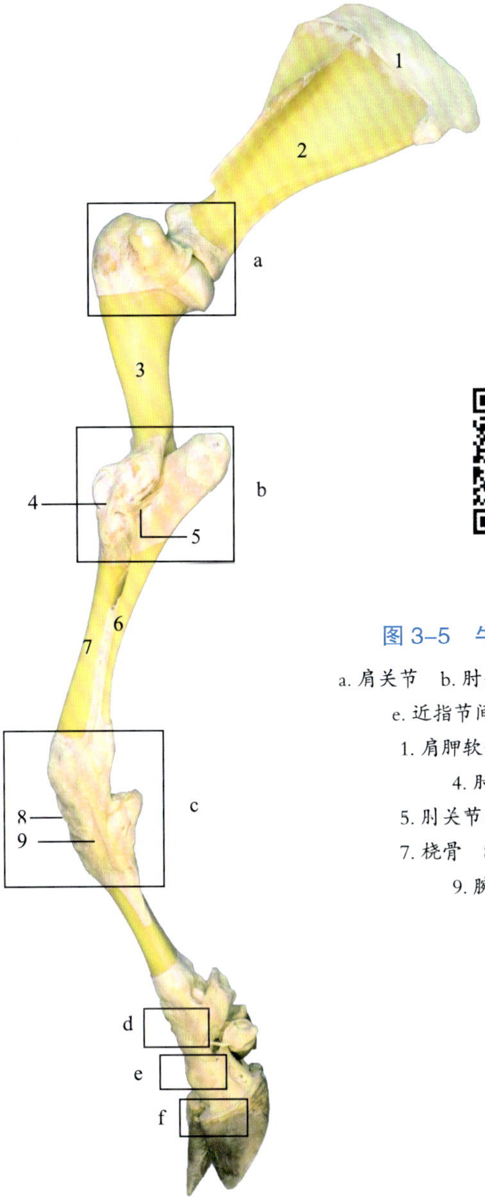

视频演示

图 3–5　牛左前肢骨连接外侧观

a. 肩关节　b. 肘关节　c. 腕关节　d. 掌指关节
e. 近指节间关节　f. 远指节间关节
1. 肩胛软骨　2. 肩胛骨　3. 肱骨
4. 肘关节外侧副韧带
5. 肘关节外侧骨间韧带　6. 尺骨
7. 桡骨　8. 腕关节关节囊纤维层
9. 腕关节外侧副韧带

3. 腕关节

腕关节包括桡腕关节、腕间关节和腕掌关节 3 部分。

（1）构成　由桡骨远端关节面、两列腕骨和掌骨近端关节面构成。

（2）构造特点　关节角在后方。关节囊纤维层包围整个腕关节，背侧面薄，掌侧面厚；滑膜层形成3个互不相通的囊，桡腕关节的关节腔最大，腕间关节腔次之，腕掌关节腔最小。关节有侧副韧带、背侧韧带和骨间韧带的连接。

（3）运动方式　为单轴复关节，进行屈伸运动。桡腕关节活动性大，腕间关节次之，腕掌关节活动性最小。

4. 掌指关节（系关节）

（1）构成　由掌骨远端、近指节骨近端和1对近籽骨构成。

（2）构造特点　关节囊背侧壁厚，掌侧壁松大，两系关节囊掌侧部相互连通。关节有内、外侧韧带和籽骨韧带的连接。

（3）运动特点　为单轴关节，进行屈伸运动。

5. 近指节间关节（冠关节）

（1）构成　由近指节骨远端关节面与中指节骨近端关节面构成。

（2）构造特点　有关节囊及侧副韧带和掌侧韧带的连接。

（3）运动特点　为单轴关节，进行范围较小的屈伸运动。

6. 远指节间关节（蹄关节）

（1）构成　由中指节骨远端关节面、远指节骨近端关节面及远籽骨构成。

（2）构造特点　关节囊背侧及两侧强厚，掌侧较薄，并与伸肌及侧副韧带紧密结合。关节韧带较多，包括侧副韧带、与籽骨相连的韧带、背侧韧带、指节间轴侧韧带和指间远韧带。

（3）运动特点　为单轴关节，进行屈伸运动。

【思考题】

1. 简述前肢各关节的构成、关节角方向及运动特点。
2. 讨论和分析肩关节脱臼的发生原理及如何预防脱臼。

【作业】

请手绘牛前肢骨的内、外侧面观，并注释。

实验四 牛后肢骨及其连接

【教学目标】

1. 掌握髋骨、股骨、胫骨和腓骨的形态构造及骨盆的组成，了解后脚骨各骨的位置和排列。

2. 掌握髋关节、膝关节、跗关节和趾关节的构成、构造及运动特点。

一、实验教具

标本：牛后肢骨连接标本，牛、马、猪的后肢各骨分离标本。

二、实验内容

（一）牛后肢骨组成和形态构造

后肢骨由髋骨、股骨、髌骨、小腿骨和后脚骨组成。髋骨是髂骨、坐骨和耻骨 3 块骨的合称。小腿骨包括胫骨和腓骨。后脚骨包括跗骨、跖骨、趾骨和籽骨。

1. 髋骨

髋骨不规则，由髂骨、耻骨和坐骨结合而成（图 4-1），在结合处形成髋臼。左、右侧髋骨在骨盆中线处以软骨连接形成骨盆联合。坐骨和耻骨在骨盆底围成闭孔。

（1）髂骨　位于髋骨的前上方，由前部宽大的髂骨翼和后下方的髂骨体组成。

①髂骨翼：宽而扁，呈三角形，背侧面为臀肌面，腹侧面为荐盆面。荐盆面由髂粗隆又分为内侧部的耳状关节面和外侧部的髂肌面。翼的外侧角为髋结节，内侧角为荐结节，内侧缘凹形成坐骨大切迹。

②髂骨体：呈三棱柱状，在其下 1/3 内侧有腰小肌结节，背侧缘为坐骨棘。

（2）耻骨　位于髋骨的前下方，形成骨盆底的前部，由耻骨体和两个耻骨支组成。

①耻骨体：为连接髂骨体和坐骨体的部分，并与二者构成髋臼。

②耻骨前支：自耻骨体伸向前内侧，形成闭孔的前缘。

③耻骨后支：自前支的内侧向后延伸，参与形成闭孔内侧缘。左、右耻骨后支连接形成骨盆联合的前部，在后者的前缘有耻骨腹侧结节。

（3）坐骨　位于髋骨的后下方，形成骨盆底后部。前缘与耻骨围成闭孔，背侧缘凹为坐骨小切迹，左、右侧坐骨后缘连接形成坐骨弓，左、右侧坐骨内侧缘连接形成骨盆联合的后部。坐骨后外侧角粗大为坐骨结节。

（4）骨盆　由背侧的荐骨和前 3 枚尾椎、腹侧的耻骨和坐骨、侧面的髂骨和荐结节阔韧带构成的前宽后窄的锥形腔（图 4–2）。骨盆前口（入口）背侧为荐骨岬，两侧为髂骨体，腹侧为耻骨。骨盆后口（出口）背侧为第 3 尾椎，腹侧为坐骨弓，两侧为荐结节阔韧带的后缘。母牛的骨盆大而宽，公牛的则较窄。

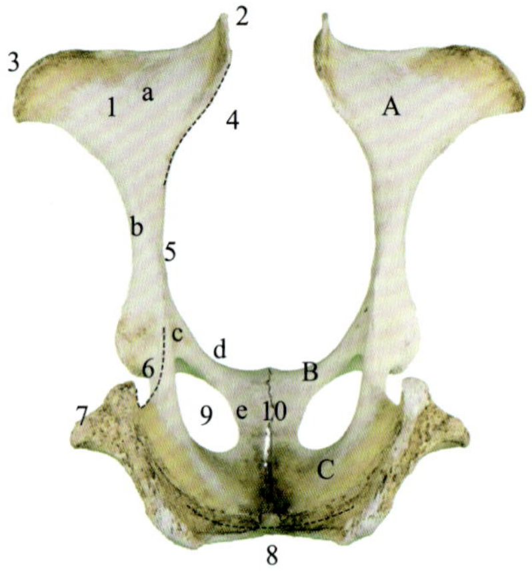

图 4–1　髋骨后面观

A. 髂骨　B. 耻骨　C. 坐骨　a. 髂骨翼
b. 髂骨体　c. 耻骨体　d. 耻骨前支　e. 耻骨后支
1. 臀肌面　2. 荐结节　3. 髋结节　4. 坐骨大切迹
5. 坐骨棘　6. 坐骨小切迹　7. 坐骨结节
8. 坐骨弓　9. 闭孔　10. 骨盆联合

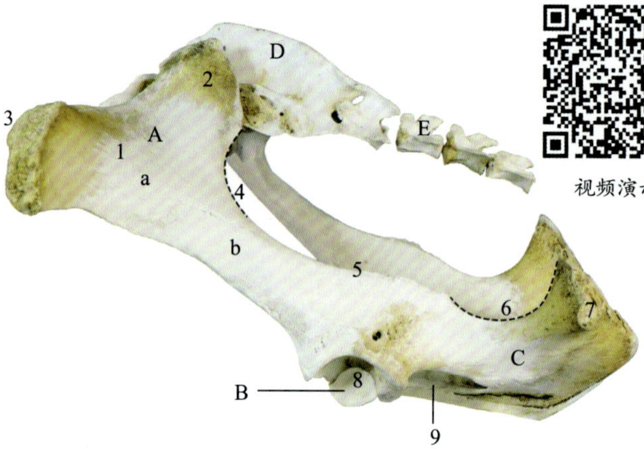

视频演示

图 4–2　骨盆骨架侧面观

A. 髂骨　B. 耻骨（体）　C. 坐骨　D. 荐骨　E. 尾椎
a. 髂骨翼　b. 髂骨体　1. 臀肌面　2. 荐结节
3. 髋结节　4. 坐骨大切迹　5. 坐骨棘
6. 坐骨小切迹　7. 坐骨结节
8. 髋臼　9. 闭孔

2. 股骨

股骨为畜体最大的管状长骨，由近端、骨干和远端组成（图 4–3）。

（1）近端　内侧有球状的股骨头，头上有头窝。外侧有粗大而高的大转子，其与股骨头之间形成转子窝。

（2）骨干　呈圆柱形，直。外侧缘上端有不明显的第 3 转子（马明显），下部有浅而长的髁上窝；内侧缘上端有小转子。

（3）远端　粗大，前方为股骨滑车，后方为内侧髁和外侧髁。股骨滑车由内侧嵴和外侧嵴组成。内、外侧髁之间形成髁间窝，髁的侧上方有相应的内侧上髁和外侧上髁。外侧髁与滑车外侧嵴之间有伸肌窝，在外侧髁的外侧有腘肌窝。

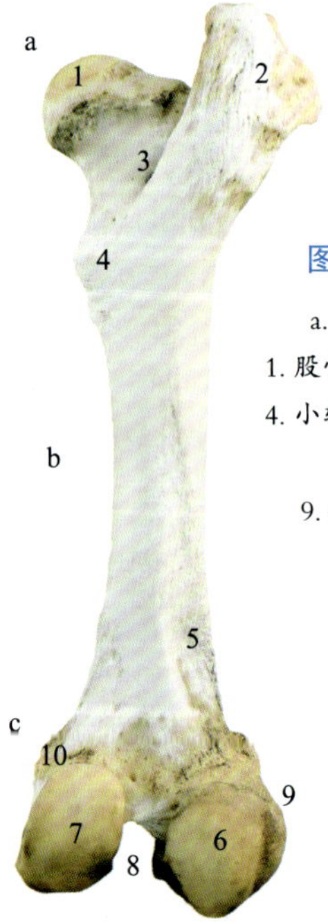

图 4–3　右股骨后面观

a. 近端　b. 骨干　c. 远端
1. 股骨头　2. 大转子　3. 转子窝
4. 小转子　5. 髁上窝　6. 外侧髁
7. 内侧髁　8. 髁间窝
9. 外侧上髁　10. 内侧上髁

视频演示

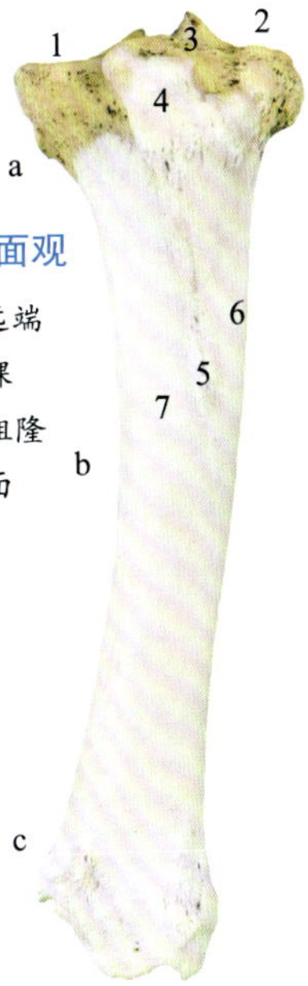

图 4–4　右小腿骨前面观

a. 近端　b. 骨干　c. 远端
1. 外侧髁　2. 内侧髁
3. 髁间隆起　4. 胫骨粗隆
5. 胫骨嵴　6. 内侧面
7. 外侧面

视频演示

3. 髌骨

髌骨又称膝盖骨，呈楔形，是体内最大的一块籽骨。其与滑车状关节面形成关节。

4. 小腿骨

小腿骨包括胫骨和腓骨。

（1）胫骨　粗大，呈三棱形，由近端、骨干和远端组成（图 4–4）。

①近端：有内侧髁和外侧髁两个关节隆起，每一髁有鞍状的关节面，两髁之间形成髁间隆起。外侧髁的外侧缘有腓骨头。

②骨干：为三面体，内侧面粗糙；外侧面光滑，稍呈螺旋状；后面扁平，有腘肌线。骨干背缘上端形成胫骨粗隆，向下延伸为胫骨嵴。

③远端：较小，呈四边形，关节面与距骨的滑车相适应；在外侧缘上有与踝骨成关节的关节面。

（2）腓骨　牛腓骨骨干退化，近端为腓骨头，远端形成踝骨。马腓骨头扁圆，向下为细长而尖的骨干，远端逐渐变细消失。猪腓骨细，几乎与胫骨等长。

5. 跗骨

跗骨为短骨，不同家畜跗骨数目不同，但一般分为 3 列。牛有跗骨 5 枚，马有跗骨 6 枚，猪有跗骨 7 枚。牛的跗骨排列如图 4–5 所示。

（1）近列　2 枚，内侧的为距骨（胫跗骨），外侧的为跟骨（腓跗骨）。跟骨近端有突出的跟结节。

（2）中间列　1 枚，为中央跗骨与第 4 跗骨愈合体。

（3）远列　2 枚，由内向外依次为第 1 跗骨和愈合的第 2、第 3 跗骨，其中第 1 跗骨较小。

6. 跖骨

跖骨与前肢掌骨相似。

7. 趾骨

趾骨同前肢的指骨相似。

8. 籽骨

后肢籽骨位置、形态与前肢籽骨相似。

图 4–5　右后脚骨背面观

1. 桡骨　2. 距骨　3. 跟骨
4. 中央跗骨和第 4 跗骨愈合体
5. 第 2 和第 3 跗骨愈合体
6. 大跖骨　7. 近趾节骨
8. 中趾节骨　9. 远趾节骨

视频演示

（二）后肢骨的连接

牛后肢的连接包括后肢与躯干之间的连接和后肢各骨之间的连接（图 4–6）。后肢与躯干之间形成荐髂关节。后肢各骨之间均形成关节，自上而下依次为髋关节、膝关节、跗关节和趾关节。

1. 荐髂关节

(1)构成　由荐骨翼与髂骨翼的耳状关节面构成。

(2)构造特点　有关节囊及短而强的荐髂腹侧韧带和荐髂骨间韧带加固。

(3)运动方式　牢固，几乎不动，主要起连接后肢和躯干的作用；当后肢运动时，利于推动力沿脊柱传至前肢。

2. 髋关节

(1)构成　由髋臼和股骨头构成。

(2)构造特点　关节角在前方，关节囊松大，外侧厚，内侧薄。在髋臼的周缘形成关节唇，以此增加髋臼的深度。关节有股骨头韧带（圆韧带）和髋臼横韧带的连接，马属动物还有1条侧副韧带加固关节。

(3)运动方式　为多轴单关节，主要进行屈伸运动，并伴有轻微的内收、外展和旋内、旋外运动。

3. 膝关节

膝关节包括股胫关节和股髌关节，为单轴复关节。

(1)股胫关节

①构成：由股骨远端的内、外侧髁和胫骨近端的内、外侧髁构成。

②构造特点：关节角在后方。在股骨与胫骨之间垫有2块半月板。关节囊附于股胫关节周围和半月板厚的周缘，前壁薄，后壁厚。其滑膜层形成内侧和外侧2个相通的关节腔，内侧的股胫关节腔常与股髌关节腔相通。内、外侧关节腔又被内、外侧半月板分为上、下两部分。关节除有内、外侧副韧带外，股骨髁间窝内还有2条膝交叉韧带（前交叉韧带、后交叉韧带）连接。前交叉韧带由胫骨的髁间隆起至股骨髁间窝外侧壁；后交叉韧带强大，自胫骨腘肌切迹至股骨髁间窝的前部。

③运动方式：主要进行屈伸运动，同时可做小范围的旋转运动。

(2)股髌关节

①构成：由股骨远端滑车状关节面与髌骨的关节面构成。

②构造特点：在髌骨内侧缘有软骨板，与滑车内侧嵴相适应。关节囊薄而松弛，在其上部有伸入股四头肌下面的滑膜盲囊。关节有内、外侧副韧带和髌直韧带［髌外侧（直）韧带、髌中间（直）韧带、髌内侧（直）韧带］的连接。

③运动方式：主要是髌骨在股骨滑车上滑动，改变股四头肌作用力的方式而伸展膝关节。

4. 跗关节

跗关节又称飞节，包括小腿跗关节、跗间近关节、跗间远关节和跗跖关节。

(1)构成　由小腿骨远端、跗骨和跖骨近端形成。

(2)构造特点　关节角在前方。关节囊背侧较薄，两侧壁较厚，跖侧最厚。纤维层包围整个跗关节，滑膜层形成4个滑膜囊，即位于胫骨远端与距骨之间的胫距囊，连于距骨、跟骨与中央跗骨和第4跗骨之间的近跗间囊，位于中央跗骨和第4跗骨愈合体与第1跗骨及第2和第3跗骨之间的远跗间囊，以及位于远列跗骨与跖骨近端之间的跗跖囊。关节有内侧副韧带、外侧副韧带、背侧韧带、跖侧韧带和横韧带的连接。

(3)运动方式　为单轴复关节，主要进行屈伸运动。其中小腿跗关节活动范围大，其余关节均连接紧密，仅起缓冲作用。

5. 趾关节

趾关节包括跖趾关节、近趾节间关节和远趾节间关节。其构造与前肢的指关节相似。

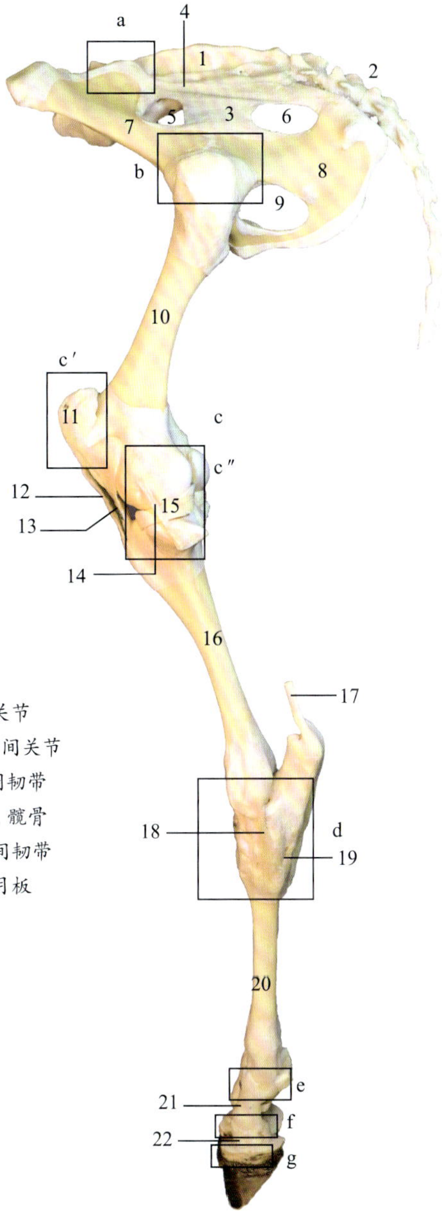

视频演示

图 4–6　牛左后肢骨连接外侧观

a. 荐髂关节　b. 髋关节　c. 膝关节　c′. 股髌关节　c″. 股胫关节　d. 跗关节　e. 跖趾关节　f. 近趾节间关节　g. 远趾节间关节　1. 荐骨　2. 尾椎　3. 荐结节阔韧带　4. 荐髂背侧韧带　5. 坐骨大孔　6. 坐骨小孔　7. 髋骨　8. 坐骨　9. 闭孔　10. 股骨　11. 髌骨　12. 髌中间韧带　13. 髌外侧韧带　14. 股胫外侧副韧带　15. 半月板　16. 小腿骨　17. 跟腱　18. 长外侧副韧带　19. 跖侧长韧带　20. 大跖骨　21. 近趾节骨　22. 中趾节骨

【思考题】

1. 简述后肢各关节的构成、关节角方向及运动特点。

2. 讨论和分析半月板磨损和膝交叉韧带撕裂的可能原因，以及如何更好地预防膝关节损伤。

【作业】

请手绘牛后肢骨的内、外侧面观，并注释。

实验五 牛皮肌和前肢肌

【教学目标】

1. 掌握前肢各部肌肉的形态、位置和作用。
2. 了解前臂正中沟、桡沟和尺沟的位置。
3. 了解皮肌的位置和作用。

一、实验教具

标本：牛全身皮肌和前肢肌标本。

二、实验内容

（一）皮肌

皮肌大部分位于皮肤的深面，极少数附着于骨，并不全身覆盖。根据所在部位，皮肌分为头部皮肌、肩臂皮肌和躯干皮肌（图 5–1）。皮肌能够颤动皮肤，具有驱逐蚊蝇、抖掉皮肤表面的灰尘和水滴等作用。

1. 头部皮肌

头部皮肌较发达，但不完整，包括面皮肌和额皮肌。

（1）面皮肌　覆盖于腮腺、咬肌及下颌间隙表面，可分为上、下两部分。

（2）额皮肌　薄而宽大，覆盖于额部，有使额部皮肤起皱和提举上眼睑的作用。

2. 肩臂皮肌

肩臂皮肌薄而窄，覆盖于肩臂部，肌纤维垂直。

3. 躯干皮肌

躯干皮肌发达，覆盖于胸腹壁的大部分，肌纤维纵行。

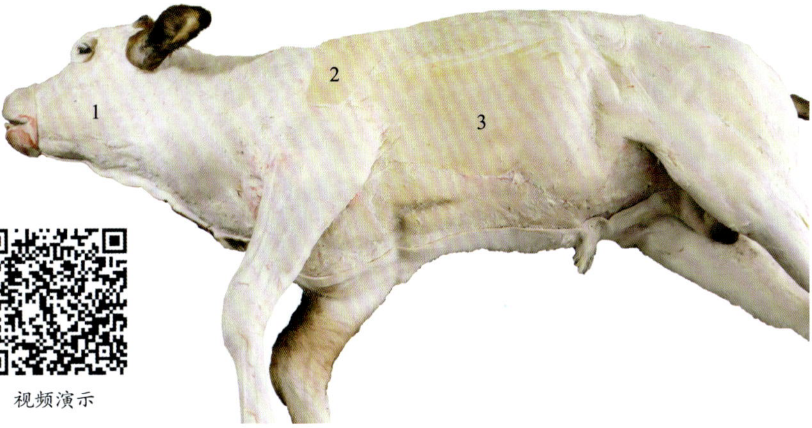

视频演示

图 5-1　牛皮肌（固定标本）

1. 面皮肌　2. 肩臂皮肌　3. 躯干皮肌

（二）前肢肌

前肢肌可分为肩带肌、肩部肌、臂部肌以及前臂和前脚部肌（图 5-2、图 5-3）。

1. 肩带肌

肩带肌为连接前肢与躯干的肌肉，可分为背侧肌群和腹侧肌群。背侧肌群包括斜方肌、菱形肌、臂头肌、肩胛横突肌和背阔肌。腹侧肌群包括胸肌和腹侧锯肌。

（1）斜方肌　呈三角形，位于第 2 颈椎至第 12 胸椎与肩胛冈之间，分为颈部和胸部两部分。起于项韧带索状部和前 12 枚胸椎的棘上韧带，止于肩胛冈。其具有提举、摆动和固定肩胛骨的作用。

（2）菱形肌　位于斜方肌和肩胛软骨的深面，分为颈部和胸部两部分。起于项韧带索状部和前 5（6）枚胸椎的棘上韧带，止于肩胛软骨的内侧面。其具有向前上方提举肩胛骨和伸头颈的作用。

（3）臂头肌　呈长带状，位于颈侧部皮下，构成颈静脉沟的上界。其可分为上部的锁枕肌和下部的锁乳突肌。上部起于枕骨和项韧带，下部起于颞骨乳突和下颌骨，两部分合并止于肱骨嵴。臂头肌具有牵引肱骨向前、伸展肩关节和侧偏头颈的作用。

（4）肩胛横突肌　呈薄带状，前部位于臂头肌的深层，后部位于斜方肌和臂头肌之间。起于寰椎翼和枢椎横突，止于肩胛冈和肩峰部筋膜。其具有牵引肩胛骨向前和侧偏头颈的作用。

（5）背阔肌　呈三角形，位于胸侧壁的上部皮下，前部部分被臂三头肌覆盖。起于背腰筋膜及第 9 ～ 12 肋骨、肋间外肌和腹外斜肌表面筋膜，止于肱骨。其作用为向后牵引肱骨，屈肩关节；当前肢踏地时，可牵引躯干向前。

（6）胸肌　位于臂部和前臂内侧与胸骨之间，可分为胸浅肌和胸深肌。胸浅肌包括前部的胸浅前肌（胸降肌）和后部的胸浅后肌（胸横肌）。胸浅前肌起于胸骨柄，止于肱骨嵴；胸浅后肌起于胸骨腹侧面，止于前臂内侧筋膜。胸深肌大部分被胸浅肌覆盖，包括前部的胸深前肌（锁骨下肌）和后部的胸深后肌（胸升肌）。胸深前肌小，起于第 1 肋的肋软骨，止于臂头肌的深面；胸深后肌发达，呈长三角形，起于胸骨腹侧面及腹筋膜，止于肱骨内、外侧结节。胸肌具有内收前肢；当前肢向前踏地时，可牵引躯干向前的作用。

（7）腹侧锯肌　呈大扇形，下缘为锯齿状，位于颈、胸部的外侧面，被其他肩带肌所覆盖，可分为颈部和胸部两部分。颈部起于第 2（3）～ 7 颈椎横突和前 3 枚肋骨外侧面，胸部起于第 4 ～ 9 肋骨外侧面，两部分均止于肩胛骨的锯肌面和肩胛软骨内侧。其具有举头颈、提举和悬吊躯干及协助呼吸的作用。

2. 肩部肌

肩部肌分布于肩胛骨，可分为外侧肌群和内侧肌群。外侧肌群包括冈上肌、冈下肌、三角肌和小圆肌。内侧肌群包括肩胛下肌、喙臂肌和大圆肌。

（1）冈上肌　位于冈上窝内，肌腱止于肱骨内、外侧结节，具有伸展和固定肩关节的作用。

（2）冈下肌　位于冈下窝内，表面被三角肌覆盖，肌腱止于肱骨外侧结节及其前下方的粗糙面，可固定肩关节。

（3）三角肌　呈三角形，位于冈下肌浅层，可分为肩峰部和肩胛部两部分。肩峰部起于肩峰，肩胛部起于肩胛冈和冈下肌表面筋膜，两部分会合止于三角肌粗隆。其具有屈肩关

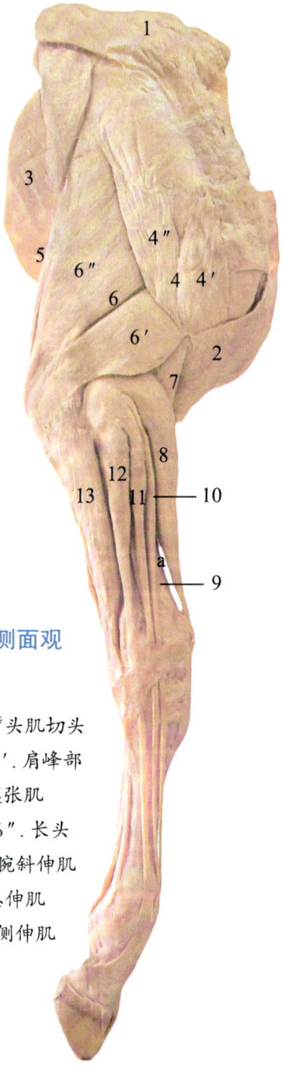

视频演示

图 5-2　牛右前肢肌外侧面观（塑化标本）

a. 桡沟　1. 斜方肌切头　2. 臂头肌切头　3. 背阔肌切头　4. 三角肌　4′. 肩峰部　4″. 肩胛部　5. 前臂筋膜张肌　6. 臂三头肌　6′. 外侧头　6″. 长头　7. 臂肌　8. 腕桡侧伸肌　9. 腕斜伸肌　10. 指内侧伸肌　11. 指总伸肌　12. 指外侧伸肌　13. 腕尺侧伸肌

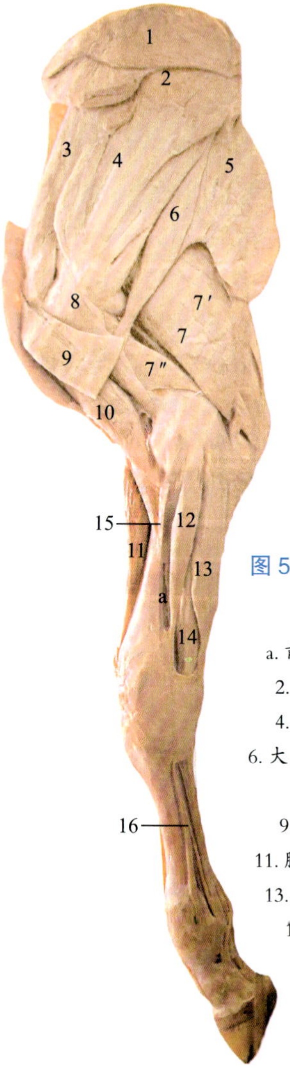

图 5-3　牛右前肢肌内侧面观（塑化标本）

a. 前臂正中沟　1. 菱形肌切头　2. 腹侧锯肌切头　3. 冈上肌　4. 肩胛下肌　5. 背阔肌切头　6. 大圆肌　7. 臂三头肌　7′. 长头　7″. 内侧头　8. 喙臂肌　9. 胸肌切头　10. 臂二头肌　11. 腕桡侧伸肌　12. 腕桡侧屈肌　13. 腕尺侧屈肌　14. 指浅屈肌　15. 旋前圆肌　16. 骨间肌

节的作用。

（4）小圆肌　较小，呈短索状或楔状，位于三角肌肩胛部的深面。

（5）肩胛下肌　位于肩胛下窝内，分为前、中、后 3 部分，以一总腱止于肱骨内侧结节。其具有固定肩关节的作用。

（6）喙臂肌　呈扁而小的梭形，位于肩关节和肱骨内侧上部。起于肩胛骨的喙突，止于肱骨内侧面。其具有内收和屈肩关节的作用。

（7）大圆肌　呈长扁梭形，位于肩臂部内侧，肩胛下肌的后缘。起于肩胛骨后缘上部和后角，止于大圆肌粗隆。其具有屈肩关节和内收肱骨的作用。

3. 臂部肌

臂部肌分布于肱骨周围，可分为掌侧肌群和背侧肌群。掌侧肌群包括臂三头肌、前臂筋膜张肌和肘肌。背侧肌群包括臂二头肌和臂肌。

（1）臂三头肌　呈三角形，位于肩胛骨后缘与肱骨形成的夹角内。包括长头、外侧头和内侧头 3 个头，分别起于肩胛骨后缘、肱骨外侧面和肱骨内侧面，3 个头共同止于尺骨鹰嘴。其具有伸展肘关节的作用。

（2）前臂筋膜张肌　狭长而薄，位于臂三头肌的内侧和后缘。起于肩胛骨后角，止于鹰嘴内侧。其具有伸展肘关节的作用。

（3）肘肌　小，呈三棱形，位于臂三头肌外侧头的深面，覆盖肘窝，深面接肘关节囊。当肘关节伸展时，可紧张关节囊，以免被夹伤。

（4）臂二头肌　呈纺锤形，位于肱骨前面的稍内侧，被臂肌所覆盖。起于肩胛骨盂上结节，经结节间沟下行，大部止于桡骨粗隆，小部并入腕桡侧伸肌，间接止于掌骨。其具有屈肘关节，同时也能伸肩关节的作用。

（5）臂肌　位于肱骨的臂肌沟内。起于肱骨后上部，止于桡骨内侧缘。其具有屈肘关节的作用。

4. 前臂和前脚部肌

前臂和前脚部肌的肌腹分布于前臂骨周围，起自肱骨远端和前臂骨近端，肌腱可伸至腕部、掌部和指部。可分为背外侧肌群和掌内侧肌群。背外侧肌群主要为伸肌，包括腕桡侧伸肌、指内侧伸肌、指总伸肌、指外侧伸肌和腕斜伸肌。掌内侧肌群为屈肌，包括腕外屈肌、腕桡侧屈肌、腕尺侧屈肌、指浅屈肌、指深屈肌和骨间肌。

（1）腕桡侧伸肌　位于前臂部背侧皮下，为前臂部最大的肌肉。起于肱骨远端外侧上髁，肌腱止于掌骨粗隆。其具有伸展腕关节的作用。

（2）指内侧伸肌　位于腕桡侧伸肌后方。起于肱骨远端外侧上髁，肌腱止于第 3 指的中指节骨和远指节骨。其具有伸第 3 指作用。该肌与腕桡侧伸肌之间形成桡沟。

（3）指总伸肌　位于指内、外侧伸肌之间。其由肱骨头和尺骨头两部分组成，分别起于肱骨远端外侧上髁和尺骨外侧面，在前臂远端合成一总腱，在掌指关节处又分为两支，分别止于第 3、第 4 指的远指节骨。指总伸肌作用为伸指关节和腕关节，也能屈肘关节。

（4）指外侧伸肌　位于指总伸肌的后方。起于桡骨近端外侧，肌腱止于第 4 指的中指节骨和远指节骨。其具有伸指关节和腕关节的作用。

（5）腕斜伸肌（拇长外展肌）　呈薄而小的三角形，被指伸肌覆盖。起于桡骨中部外侧，在前臂骨远端越过腕桡侧伸肌表面斜向腕关节内侧，肌腱止于第 3 掌骨近端。其具有伸和外旋腕关节的作用。

（6）腕外屈肌（腕尺侧伸肌） 位于前臂部后外侧皮下，指外侧伸肌后方。起于肱骨远端外侧上髁，肌腱止于副腕骨和第 4 掌骨近端。其具有屈腕关节和伸肘关节的作用。

（7）腕尺侧屈肌 位于前臂部后内侧皮下。起于肱骨远端内侧上髁和鹰嘴内侧，以短腱止于副腕骨。其具有屈腕关节和伸肘关节的作用。该肌与腕尺侧伸肌之间形成尺沟。

（8）腕桡侧屈肌 位于前臂部内侧皮下，紧靠桡骨。起于肱骨远端内侧上髁，肌腱止于第 3 掌骨近端。其具有屈腕关节和伸肘关节的作用。该肌与桡骨内侧面之间形成前臂正中沟。

（9）指浅屈肌 位于腕尺侧屈肌的深面与指深屈肌之间。起于肱骨远端内侧上髁，肌腹分为浅、深两部分，两部分肌腱在掌中部合成一总腱，然后又立即分为两支，分别止于第 3、第 4 指的中指节骨。其具有屈指关节和腕关节的作用。

（10）指深屈肌 位于前臂部的掌侧面，被其他屈肌所包围。包括肱骨头、尺骨头和桡骨头 3 个头，分别起于肱骨远端内侧上髁、鹰嘴内侧和桡骨近端后面，3 个头的腱合成一总腱在骨间肌与指浅屈肌肌腱之间下行，至掌指关节处又分为两支，分别止于第 3、第 4 指的远指节骨。其具有屈指关节和腕关节的作用。

（11）骨间肌（悬韧带或籽骨上韧带） 位于掌骨的掌侧面，下部接近籽骨。犊牛为肌质，成年牛以腱质为主。

【思考题】

1. 前肢与躯干如何连接？
2. 简述前肢各部主要肌肉的名称、位置和作用。

【作业】

请手绘牛前肢肌的内、外侧面观，并注释。

实验六 牛躯干肌

【教学目标】

1. 掌握脊柱肌、胸壁肌的分布规律、特征和作用。
2. 掌握腹壁肌的分层、肌纤维走向及腹股沟管的位置。

一、实验教具

标本：牛躯干肌标本。

二、实验内容

躯干肌包括脊柱肌、颈腹侧肌、胸壁肌和腹壁肌（图 6–1、图 6–2）。

（一）脊柱肌

脊柱肌为支配脊柱活动的肌肉，可分为脊柱背侧肌群和脊柱腹侧肌群。

1. 脊柱背侧肌群

脊柱背侧肌群位于脊柱背外侧，包括背腰最长肌、髂肋肌、颈最长肌、夹肌、头半棘肌、头寰最长肌和多裂肌等。

（1）背腰最长肌　为全身最长的肌肉，呈三棱形，位于胸、腰椎棘突与横突和肋骨椎骨端形成的夹角内。起于髂骨嵴、荐椎、腰椎和后位胸椎棘突，止于腰椎、胸椎和最后颈椎的横突及肋骨的外面。其作用为伸展背腰，协助呼气；跳跃时，提举躯干前部和后部。

（2）髂肋肌　位于背腰最长肌的腹外侧，狭长而分节，由一系列斜向前下方的肌束组成。起于髋结节、髂骨嵴、腰椎横突末端和后 10 枚肋骨的前缘，止于所有肋骨的后缘和后 3 ～ 4 枚颈椎横突。其作用为向后牵引肋骨，协助呼气。髂肋肌与背腰最长肌之间形成髂肋肌沟。

（3）背颈棘肌　长而厚，位于胸椎棘突两侧，背腰最长肌的前内侧。起于荐椎、腰椎、后位胸椎棘突和棘上韧带，止于前 5 枚胸椎棘突和第 2 ～ 7 颈椎棘突。其具有伸展背腰和颈的作用。

（4）颈最长肌　呈尖端向后的三角形，位于后几枚颈椎与前几枚胸椎之间的夹角内，可视为背腰最长肌的延续。起于前 6（7）枚胸椎横突，止于后 4 枚颈椎横突。其具有升颈的作用。

（5）夹肌　为薄而宽的三角形肌，位于颈侧部皮下，在鬐甲、项韧带索状部与颈椎和头部之间，其后部被斜方肌和颈腹侧锯肌所覆盖。起于棘横筋膜和项韧带索状部，止于前 4 枚颈椎横突、枕骨和颞骨。其作用为两侧同时收缩可抬头颈，一侧收缩则偏头颈。

（6）头半棘肌　呈三角形，位于夹肌和项韧带板状部之间。起于棘横筋膜、前 9 枚胸椎横突和第 3 ～ 7 颈椎关节突，止于枕骨。其作用与夹肌相似。

（7）头寰最长肌　位于夹肌深层，头半棘肌的下方。由 2 条平行的肌束组成，背侧为头最长肌，腹侧为寰最长肌。头最长肌起于第 1 胸椎横突，止于颞骨；寰最长肌起于第 3 ～ 7 颈椎关节突，止于寰椎翼。其作用与夹肌相似。

（8）颈多裂肌　位于头半棘肌的深层，第 3 ～ 7 颈椎椎弓的背侧，由一系列肌束组成。其作用为两侧同时收缩可伸颈，一侧收缩可偏头颈并能旋转。

（9）头背侧大直肌　在项韧带索状部的下方与枕骨之间。起于枢椎棘突，止于枕骨。其具有抬头作用。

（10）头背侧小直肌　为一小肌，在头背侧大直肌之下。起于寰椎背侧，止于枕骨。其具有抬头作用。

（11）头前斜肌　呈长方形，位于寰枕关节的背外侧。起于寰椎翼的前缘和腹侧面，止于枕骨。其具有伸头和偏头的作用。

（12）头后斜肌　较发达，呈四边形，位于寰椎和枢椎的背侧。起于枢椎棘突和后关节突，止于寰椎翼的背侧面。其具有旋转头和寰椎的作用。

2. 脊柱腹侧肌群

脊柱腹侧肌群位于颈部和腰部脊柱的腹侧，包括头长肌、颈长肌、腰小肌、腰大肌和腰方肌等。

（1）头长肌　位于前部颈椎的腹外侧，向前一直伸至颅底部。由许多肌束组成，起于第 3 ～ 6 颈椎横突，止于枕骨基底部。其具有屈头的作用。

（2）颈长肌　位于颈椎椎体和前 6（7）枚胸椎椎体的腹侧。由许多分节性短肌束组成，分为颈部和胸部两部分。颈部起于最后颈椎的椎体和横突腹侧，止于寰椎的腹侧；胸部起于第 6（7）胸椎椎体腹侧，止于最后两枚颈椎的椎体和横突腹侧。其具有屈颈的作用。

（3）腰小肌　狭而长，位于腰椎椎体腹侧面的两侧。起于最后胸椎和腰椎椎体腹侧，止于髂骨腰小肌结节。其具有屈腰和下降骨盆的作用。

（4）腰大肌　宽扁而长，位于腰小肌的外侧。起于最后 1 ～ 2 肋骨椎骨端和腰椎椎体及横突的腹侧，与髂肌合并为髂腰肌，止于股骨小转子。其具有屈髋关节的作用。

（5）腰方肌　较薄，位于腰椎横突的腹侧，大部分在腰大肌深面。起于第 10 ～ 13 胸椎椎体腹外侧及相应肋骨的椎骨端和腰椎横突腹侧，止于腰椎横突前缘和髂骨翼腹侧面。其作用为两侧同时收缩可固定腰椎，一侧收缩可屈腰。

（二）颈腹侧肌

颈腹侧肌位于颈部腹侧皮下，包括胸头肌、胸骨甲状舌骨肌和肩胛舌骨肌。

（1）胸头肌　位于颈部腹外侧皮下，臂头肌的下缘。可分为浅部的胸下颌肌和深部的胸乳突肌，两部分均起于胸骨柄，浅部止于下颌骨和咬肌前缘，深部止于颞骨乳突。其具有屈或侧偏头的作用。胸头肌与臂头肌之间形成颈静脉沟。

（2）胸骨甲状舌骨肌　呈扁平窄带状，位于气管腹侧，在颈的前半部位于皮下，后半部被胸头肌覆盖。在颈中部，分为内侧的胸骨舌骨肌和外侧的胸骨甲状肌，两肌起于胸骨柄，分别止于舌骨体和喉的甲状软骨。其作用为：吞咽时向后牵引舌和喉，协助吞咽；吸吮时固定舌骨，利于舌的后缩。

（3）肩胛舌骨肌　呈薄带状，在颈后部位于臂头肌的深面，在颈前部形成颈静脉沟的沟底。起于第 3 ～ 5 颈椎横突，止于舌骨体。其作用与胸骨甲状舌骨肌相似。

（三）胸壁肌（呼吸肌）

呼吸肌位于胸腔的侧壁和后壁，根据其机能可分为吸气肌和呼气肌。

1. 吸气肌

吸气肌能使胸腔扩大，引起吸气，包括肋间外肌、前背侧锯肌、斜角肌和膈等。

（1）肋间外肌　位于肋间隙的浅层。起于前一肋骨的后缘，肌纤维斜向后下方，止于后一肋骨的前缘。其能向前外方牵引肋骨，使胸腔扩大，引起吸气。

（2）前背侧锯肌　由多块薄肌组成，位于胸壁的前上部，背腰最长肌和髂肋肌的表面，被背阔肌和胸腹侧锯肌所覆盖。起于背腰筋膜，肌纤维斜向后下方，止于第 6 ～ 8（9）肋骨近端外侧面。其可向前牵引肋骨，使胸腔扩大，引起吸气。

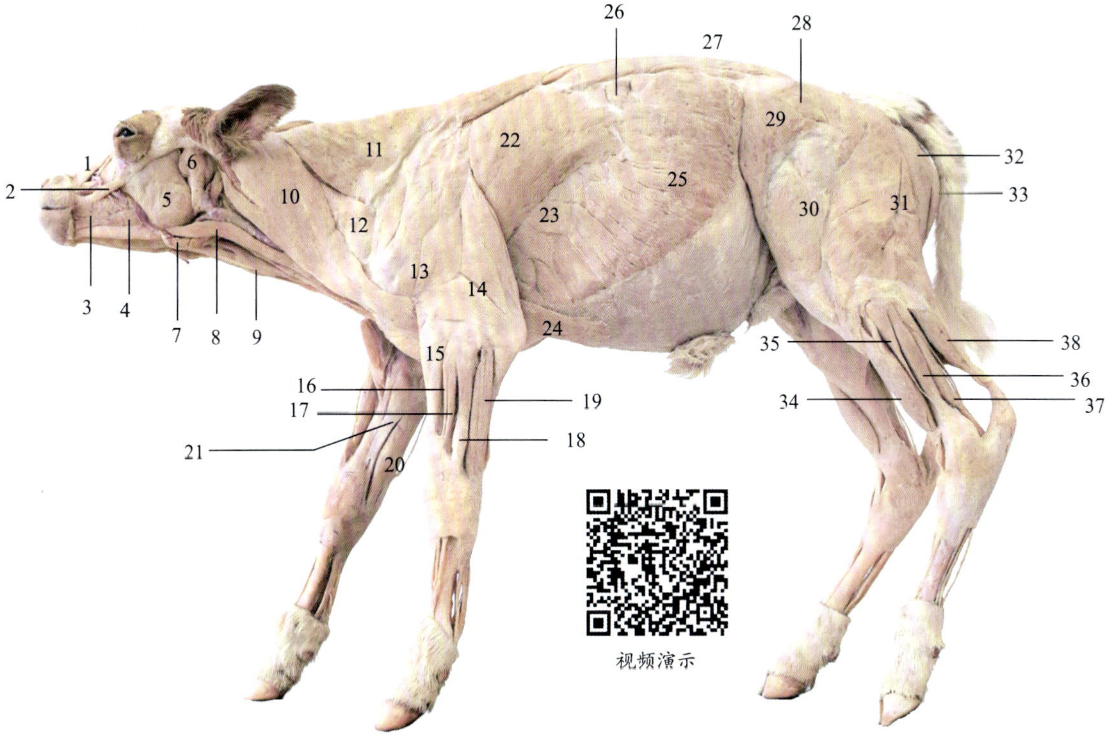

图 6-1　犊牛全身浅层肌（塑化标本）

1. 鼻唇提肌　2. 颧肌　3. 颊肌　4. 下唇降肌　5. 咬肌　6. 腮腺　7. 颌下腺　8. 胸头肌　9. 胸骨甲状舌骨肌　10. 臂头肌　11. 斜方肌　12. 肩胛横突肌　13. 三角肌　14. 臂三头肌　15. 腕桡侧伸肌　16. 指内侧伸肌　17. 指总伸肌　18. 指外侧伸肌　19. 腕尺侧伸肌　20. 腕尺侧屈肌　21. 腕桡侧屈肌　22. 背阔肌　23. 腹侧锯肌　24. 胸深肌　25. 腹外斜肌　26. 后背侧锯肌　27. 背腰最长肌　28. 臀中肌　29. 阔筋膜张肌　30. 股四头肌　31. 臀股二头肌　32. 半腱肌　33. 半膜肌　34. 第 3 腓骨肌　35. 腓骨长肌　36. 趾外侧伸肌　37. 趾深屈肌　38. 腓肠肌

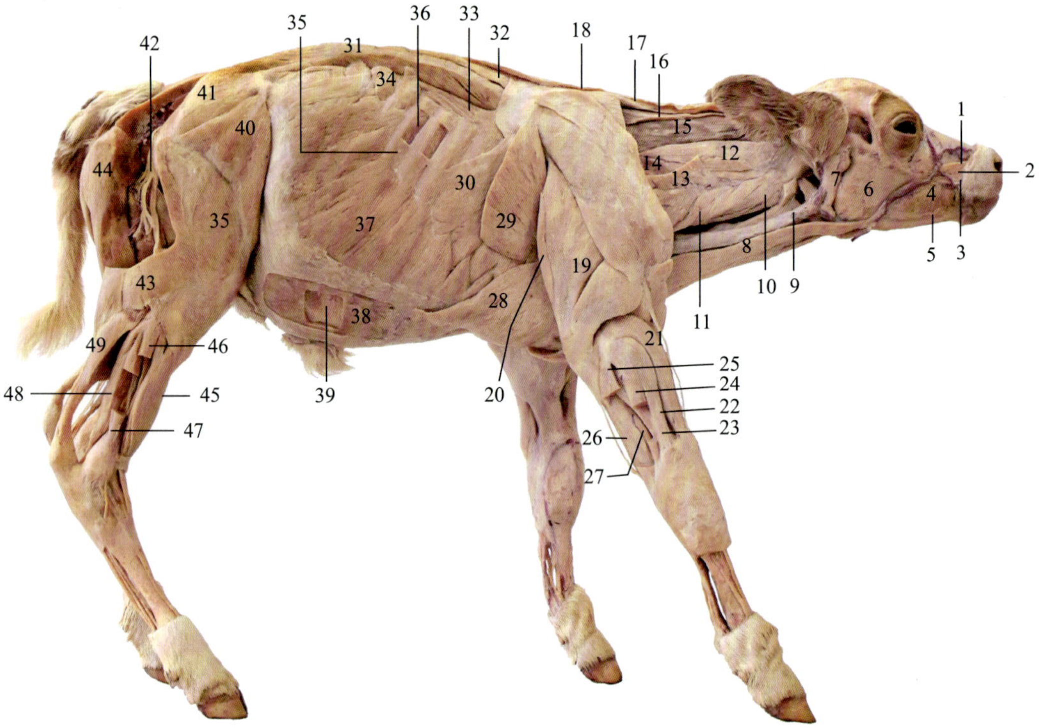

图 6–2 犊牛全身深层肌（塑化标本）

1. 上唇固有提肌　2. 犬齿肌　3. 上唇降肌　4. 颊肌　5. 下唇降肌　6. 咬肌　7. 腮腺　8. 胸头肌　9. 颈外静脉　10. 头长肌　11. 颈长肌　12. 头寰最长肌　13. 颈腹侧锯肌切头　14. 颈最长肌　15. 头半棘肌　16. 夹肌　17. 菱形肌　18. 斜方肌　19. 臂三头肌　20. 前臂筋膜张肌　21. 腕桡侧伸肌　22. 指内侧伸肌　23. 指总伸肌　24. 指外侧伸肌切头　25. 腕尺侧伸肌切头　26. 指浅屈肌　27. 指深屈肌　28. 胸深肌　29. 背阔肌切头　30. 胸腹侧锯肌　31. 背腰最长肌　32. 背颈棘肌　33. 髂肋肌　34. 后背侧锯肌　35. 肋间外肌　36. 肋间内肌　37. 腹外斜肌　38. 腹直肌　39. 腹横肌　40. 阔筋膜张肌　41. 臀中肌切头　42. 坐骨神经　43. 臀股二头肌切头　44. 半腱肌　45. 第 3 腓骨肌　46. 腓骨长肌切头　47. 趾外侧伸肌切头　48. 趾深屈肌　49. 腓肠肌

（3）斜角肌　位于颈后部和胸侧壁前部的腹外侧面。分为背、腹侧两部分，两部分之间有臂神经丛通过。背侧部起于第 5 ～ 7 颈椎横突，止于第 3 ～ 4 肋骨外面；腹侧部起于第 3 ～ 7 颈椎横突，止于第 1 肋骨外面。其作用为牵引肋骨向前，协助吸气，也可以屈颈或侧偏颈。

（4）膈　为一圆拱形凸向胸腔的板状肌，形成胸腔和腹腔的分界。由周围的肌质部和中央的腱质部组成（图 6–3）。肌质部可分为腰部（包括左、右膈脚）、肋部和胸骨部 3 部分。腰部的左膈脚附着于第 2 ～ 3 腰椎腹侧，右膈脚附着于前 4 枚腰椎腹侧。肋部附着于胸侧壁内面，附着线呈一斜直线，从剑状软骨沿第 8 肋骨和肋软骨的结合线向上，经过第 9 ～ 13 肋骨至腰部。胸骨部附着于剑状软骨上。腱质部突向胸腔（至第 6 肋骨胸骨端）。

膈上有主动脉裂孔、食管裂孔和后腔静脉裂孔。主动脉裂孔供主动脉、左奇静脉和胸导管通，食管裂孔供食管和迷走神经通过，后腔静脉裂孔供后腔静脉通过。膈收缩时，突向胸腔的部分变扁平，从而增大胸腔的纵径，使胸腔扩大，引起吸气。

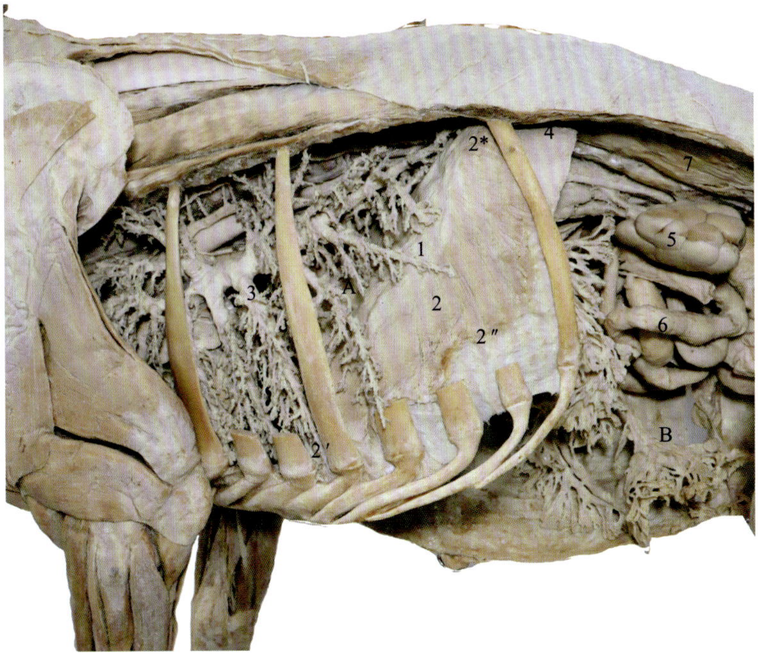

视频演示

图 6-3 膈（塑化标本）

A. 胸腔 B. 腹腔 1. 膈腱质部 2. 膈肌质部 2′. 胸骨部 2″. 肋部 2*. 腰部 3. 支气管 4. 脾 5. 左肾 6. 空肠 7. 腰大肌

2. 呼气肌

呼气肌能使胸腔缩小，引起呼气，包括后背侧锯肌和肋间内肌等。

（1）后背侧锯肌　位于胸侧壁的后上部。起于背腰筋膜，肌纤维斜向前下方，止于后第 3 ～ 4 枚肋骨近端外侧面。其可牵引肋骨向后，使胸腔缩小，协助呼气。

（2）肋间内肌　位于肋间外肌的深面。起于后一肋骨的前缘，肌纤维斜向前下方，止于前一肋骨的后缘。其向后牵引肋骨，使胸腔缩小，引起呼气。

（四）腹壁肌

腹壁肌为板状肌，构成腹腔的侧壁和底壁。左右两侧的腹壁肌在腹底正中线上，以腱质相连，形成腹白线。腹壁肌包括 4 层，由外向内依次为腹外斜肌、腹内斜肌、腹直肌和腹横肌。腹壁肌形成坚韧的腹壁，容纳、保护和支持腹腔脏器；当腹壁收缩时，可增大腹压，协助呼气、排粪、排尿和分娩等。

（1）腹外斜肌　为腹壁肌肉的最外层，覆盖着腹壁的两侧、底部和胸侧壁的一部分。起于第 5 ～ 13 肋骨的外侧面和肋间外肌表面筋膜，肌纤维斜向后下方，在肋弓的后下方延续为宽大的腱膜，止于腹白线、耻前腱和髋结节等。自髋结节至耻前腱，腱膜强厚，形成腹股沟韧带。

（2）腹内斜肌　位于腹外斜肌的深层，参与形成腹腔侧壁和底壁。起于髋结节和第 3 ～ 5 腰椎横突，呈扇形向前下方扩展，以腱膜止于最后肋骨后缘、腹白线和耻前腱。腱膜在前下部分为内、外两层，外层与腹外斜肌的腱膜交织在一起，形成腹直肌的外鞘；内层与腹横肌的腱膜结合，形成腹直肌的内鞘。

（3）腹直肌　呈宽而扁平的带状，位于腹腔底、腹白线的两侧，被腹外、内斜肌和腹横肌所形成的内、外鞘所包裹。起于胸骨和第 4 ～ 13 肋软骨的外侧面，肌纤维呈前、后纵行，以耻前腱止于耻骨前缘。有数条横向的腱划将肌纤维分成数段。

（4）腹横肌　为腹壁肌的最内层，较薄，参与形成腹腔的侧壁和底壁。起于肋弓内面和前 5 枚腰椎横突，肌纤维上、下行，以腱膜止于腹白线。

（5）腹股沟管　位于腹底壁后部，耻前腱的两侧，为腹外斜肌和腹内斜肌之间的一个斜行裂隙。该管有内、外两个口：内口即腹环，通腹腔；外口即皮下环，通皮下。公畜的腹股沟管明显，是胎儿时期睾丸从腹腔下降到阴囊的通道，内有精索、总鞘膜、提睾肌、脉管和神经通过。母畜的腹股沟管仅供脉管和神经通过。

【思考题】

1. 简述背腰最长肌的位置和作用。
2. 哪些肌肉参与呼吸运动？其位置和作用如何？
3. 试述腹腔侧壁和底壁的肌肉组成和肌纤维走向。

【作业】

请手绘牛腹壁肌的组成。

实验七 牛后肢肌和头部肌

【教学目标】

1. 掌握后肢各部肌肉的形态、位置和作用。
2. 了解头部肌的位置和作用。

一、实验教具

标本：牛后肢肌和头部肌标本。

二、实验内容

（一）牛后肢肌

后肢肌可分为臀部肌、股部肌、小腿和后脚部肌（图 7–1、图 7–2）。

1. 臀部肌

臀部肌包括臀中肌、臀深肌和髂肌。

（1）臀中肌　大而厚，位于骨盆的背外侧，构成臀部的基础，向前与背腰最长肌相接。起于臀肌面、荐骨和荐结节阔韧带，止于股骨大转子。其作用为伸髋关节、外展后肢，参与竖立、蹴踢及推进躯干等动作。臀中肌深层有较小的臀副肌，易剥离。

（2）臀深肌　薄而宽，位于臀中肌的深层。起于髂骨翼外侧、坐骨棘和荐结节阔韧带，止于大转子前外下方。其具有伸髋关节、外展及内旋后肢的作用。

（3）髂肌　位于髋关节前方，有内、外两头，分别起于髂骨体和髂骨翼髂肌面，两头之间夹有腰大肌，以同一腱止于股骨小转子，故又合称髂腰肌。其具有屈髋关节和外旋后肢的作用。

2. 股部肌

股部肌分为股前肌群、股后肌群和股内侧肌群。股前肌群包括阔筋膜张肌和股四头肌。股后肌群包括臀股二头肌、半腱肌和半膜肌。股内侧肌群包括缝匠肌、股薄肌、耻骨肌和内收肌等。

（1）阔筋膜张肌　呈三角形，位于股部的前外侧皮下。起于髋结节，向下呈扇形展开，以阔筋膜止于髌骨和胫骨近端。其具有紧张阔筋膜，屈髋关节和伸膝关节的作用。

（2）股四头肌　大而厚，位于股骨的前面和两侧，被阔筋膜张肌所覆盖。包括股直肌、股内侧肌、股外侧肌和股中间肌 4 个头，除股直肌起于髂骨体外，其余 3 个头分别起于股骨的内侧、外侧和前面，均止于髌骨。其作用为伸膝关节。

（3）臀股二头肌　长而大，位于臀中肌后方，臀股部的后外侧。其有椎骨头和坐骨头两个头，椎骨头起于荐骨和荐结节阔韧带，坐骨头起于坐骨结节；两头合并后，在股后部又分为前部和后部，止于髌骨、胫骨嵴和跟结节等。其作用为伸髋关节、膝关节、跗关节，提举后肢时又可以屈膝关节。

（4）半腱肌　长而大，位于臀股二头肌的后方，构成股部的后缘。起于坐骨结节，向下逐渐转到大腿内侧，止于胫骨嵴、小腿筋膜和跟结节。其与臀股二头肌之间形成臀股二头肌沟。半腱肌作用与臀股二头肌相似。

（5）半膜肌　长而宽，呈三棱形，位于半腱肌的内侧。起于坐骨结节，止于股骨远端内侧上髁和胫骨近端内侧。其作用为伸髋关节和内收后肢。

（6）缝匠肌　呈狭长的带状，位于股部内侧，股薄肌的前缘。起于髂腰筋膜和腰小肌腱，止于髌内侧韧带和胫骨嵴。其作用为内收后肢。

视频演示

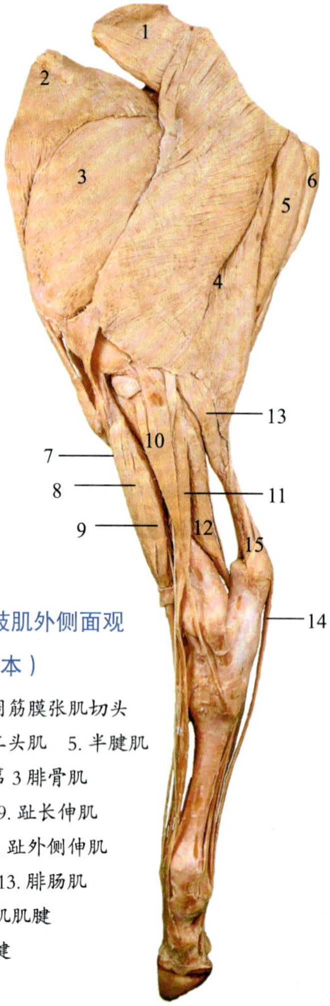

图 7-1　牛左后肢肌外侧面观（塑化标本）

1. 臀中肌切头　2. 阔筋膜张肌切头　3. 股四头肌　4. 臀股二头肌　5. 半腱肌　6. 半膜肌　7. 第 3 腓骨肌　8. 趾内侧伸肌　9. 趾长伸肌　10. 腓骨长肌　11. 趾外侧伸肌　12. 趾深屈肌　13. 腓肠肌　14. 趾浅屈肌肌腱　15. 跟腱

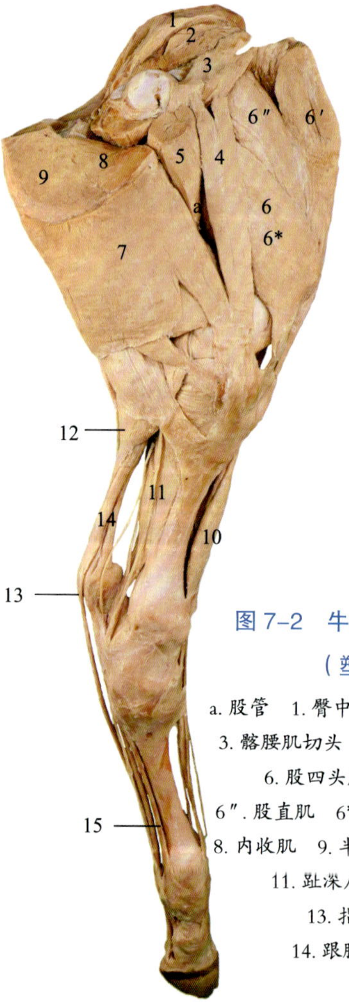

图 7-2　牛左后肢肌内侧面观（塑化标本）

a. 股管　1. 臀中肌切头　2. 臀深肌切头　3. 髂腰肌切头　4. 缝匠肌　5. 耻骨肌　6. 股四头肌　6′. 股外侧肌　6″. 股直肌　6*. 股内侧肌　7. 股薄肌　8. 内收肌　9. 半膜肌　10. 第 3 腓骨肌　11. 趾深屈肌　12. 腓肠肌　13. 指浅屈肌肌腱　14. 跟腱　15. 骨间肌

（7）股薄肌　呈薄而宽的四边形，位于股内侧皮下。起于骨盆联合和耻前腱，止于髌内侧韧带、胫骨嵴和小腿筋膜。其作用为内收后肢。

（8）耻骨肌　呈锥形，位于股薄肌与缝匠肌之间。起于耻骨前缘和耻前腱，止于股骨干内侧。其作用为内收后肢和屈髋关节。

（9）内收肌　呈三棱形，位于股薄肌的深层，耻骨肌与半膜肌之间。起于耻骨和坐骨的腹侧，止于股骨的后内侧。其作用为内收后肢和伸髋关节。

（10）股方肌　小，呈长方形，位于内收肌外侧的前上方。起于坐骨腹侧面，止于股骨小转子附近。其作用为内收后肢和外旋股骨。

（11）股管　为股内侧上部肌肉之间的三角形空隙，前壁为缝匠肌，后壁为耻骨肌，外侧壁为髂腰肌和股内侧肌，内侧壁为股薄肌和股内侧筋膜。管内有股动脉、股静脉和隐神经通过。

3. 小腿和后脚部肌

小腿和后脚部肌的肌腹主要位于小腿部，肌腱可伸至跗部、跖部和趾部。分为背外侧肌群和跖侧肌群。背外侧肌群包括第3腓骨肌、趾内侧伸肌、趾长伸肌、腓骨长肌、趾外侧伸肌和胫骨前肌。跖侧肌群包括腓肠肌、趾浅屈肌和趾深屈肌等。

（1）第3腓骨肌　发达，呈纺锤形，位于小腿背侧皮下。起于股骨伸肌窝，肌腱止于第2～3跗骨和大跖骨近端内侧。其作用为屈跗关节。

（2）趾内侧伸肌　位于第3腓骨肌的深层，趾长伸肌的前内侧，肌腹和腱紧贴其后外侧的趾长伸肌。起于股骨伸肌窝，肌腱止于第3趾的中趾节骨。其作用为伸趾关节和屈跗关节。

（3）趾长伸肌　呈长梭形，肌腹的上半部位于第3腓骨肌的深面，下半部位于第3腓骨肌的后方。起于股骨伸肌窝内，肌腱下行至跖趾关节处分为两支，分别止于第3、第4趾的远趾节骨。其作用为伸趾关节和屈跗关节的作用。

（4）腓骨长肌　呈狭长三角形，位于趾长伸肌和趾外侧伸肌之间。起于胫骨外侧髁和股胫关节外侧副韧带，肌腱止于大跖骨近端。其作用为屈跗关节和旋内后脚的作用。

（5）趾外侧伸肌　位于腓骨长肌后方。起于胫骨外侧髁，肌腱止于第4趾的中趾节骨。其作用为伸趾关节和屈跗关节。趾外侧伸肌与趾长伸肌之间形成腓沟。

（6）胫骨前肌　位于第3腓骨肌的深面，紧贴胫骨。起于胫骨粗隆和胫骨嵴的外侧，肌腱止于第2～3跗骨和大跖骨近端内侧。其作用为屈跗关节。

（7）腓肠肌　发达，肌腹呈纺锤形，位于小腿后部。其有内、外两个头，起于股骨髁上窝两侧，以一强腱止于跟结节。其作用为屈膝关节和伸跗关节。

（8）比目鱼肌　呈薄而窄的带状，斜位于小腿外侧上部。起自胫骨外侧髁，止于腓肠肌外侧头。

（9）趾浅屈肌　呈纺锤形，大部分位于腓肠肌两头之间。起于股骨髁上窝，肌腱在跖趾关节处分为两支，分别止于第3、第4趾的中趾节骨。在跟结节处，肌腱呈帽形盖于其上。趾浅屈肌具有屈趾关节作用。

（10）趾深屈肌　发达，位于跟腱前方，紧贴于胫骨后面。有外侧浅头（胫骨后肌）、外侧深头（拇长屈肌）和内侧头（趾长屈肌）3个头，均起于胫骨近端后外侧缘和后面，以一总腱下行至跖趾关节处分为两支，分别止于第3、第4趾的远趾节骨。其作用为屈趾关节和伸跗关节。

（11）腘肌　呈三角形，位于膝关节后方，胫骨后面的上部。起于股骨的腘肌窝，止于胫骨内侧缘的上部。其作用为屈股胫关节。

（12）跟腱　位于小腿后方，由腓肠肌肌腱、趾浅屈肌肌腱、臀股二头肌肌腱和半腱肌肌腱共同合成，止于跟结节。其主要作用为伸跗关节。

（二）牛头部肌

牛头部肌分为面肌、咀嚼肌和舌骨肌（图 7–3）。

1. 面肌

面肌为口腔、鼻孔和眼裂周围的肌肉，起着开张和关闭自然孔的作用，包括鼻唇提肌、上唇提肌、犬齿肌、下唇降肌、口轮匝肌和颊肌等。

（1）鼻唇提肌　呈薄而宽的三角形，位于鼻侧部皮下。起于额骨和鼻骨交界处，肌腹分为深、浅两层，分别止于上唇和鼻孔外侧。其作用为开张鼻孔和提举上唇。

（2）上唇提肌、犬齿肌和上唇降肌　均起于面结节，位于鼻唇提肌深、浅两层之间前行，分别止于鼻唇镜、鼻孔外侧和上唇腹侧。分别具有提举上唇、开张鼻孔和下降上唇的作用。

（3）下唇降肌　细而长，位于下颌的外侧，颊肌的下缘。起于下颌骨体臼齿槽缘，肌纤维纵行，止于下唇。其具有降下唇的作用。

（4）颧肌　呈扁平带状，位于颊部皮下。起于颧弓，止于口角后上方，与口轮匝肌相混。其作用为牵引口角向后。

（5）颧骨肌　薄而宽，位于眼的前下方，向下呈扇形扩展，可分为前部的颊提肌和后部的下眼睑降肌。颊提肌起于泪骨，向下扩展止于颊肌背缘，具有提举颊部的作用。下眼睑降肌起于咬肌筋膜，肌纤维略向后上方，止于下眼睑，与眼轮匝肌相融合。其具有降下眼睑和开张眼裂的作用。

（6）上眼睑提肌　位于眼眶内，具有提举上眼睑和开张眼裂的作用。

（7）口轮匝肌　呈环形，环绕于上、下唇内，在皮肤和黏膜之间。其具有关闭口裂的作用。

（8）眼轮匝肌　呈薄的环状，环绕于上、下眼睑内，在皮肤与睑结膜之间。其具有关闭眼裂的作用。

（9）颊肌　位于口腔两侧，构成口腔侧壁的基础。起于上颌骨和下颌骨的齿槽缘，肌纤维分深、浅两层，止于口角。其作用为参与吸吮和咀嚼等动作。

2. 咀嚼肌

咀嚼肌是用于咀嚼的肌肉，分为闭口肌和开口肌。闭口肌包括咬肌、翼肌和颞肌等，可以提举下颌，使下颌前后及左右移动，具有闭口和咀嚼的作用。开口肌为二腹肌，可下降下颌，起开口的作用。

（1）咬肌　发达，位于下颌支外侧面。起于颧弓和面嵴，止于下颌支外侧面。

（2）翼肌　位于下颌支的内侧面，分为翼内侧肌和翼外侧肌。起于蝶骨翼突、翼骨和腭骨水平部，止于下颌支内侧面为翼内侧肌，止于下颌髁的前内侧为翼外侧肌。

（3）颞肌　位于颞窝内。起于颞窝，止于下颌骨冠状突。

（4）二腹肌　位于翼肌内面，有前、后两个肌腹。起于颈静脉突，斜向前下方，止于下颌骨下缘内侧面。

3. 舌骨肌

舌骨肌为附着于舌骨的肌肉，除肩胛舌骨肌和胸骨甲状舌骨肌外，还包括下颌舌骨肌和茎舌骨肌等，参与舌运动及吞咽动作。

（1）下颌舌骨肌　较厚，位于下颌间隙皮下，左、右两肌在下颌间隙正中纤维缝处结合，形成口腔底的肌层。起于下颌骨臼齿槽缘的内侧面，止于舌骨和正中纤维缝。其作用为吞咽时提举口腔底、舌和舌骨。

（2）茎舌骨肌　呈细长的扁梭形，位于茎突舌骨后方，二腹肌的后内侧。由茎突舌骨向前下方延伸至基舌骨。其作用为向后方牵引舌根和喉。

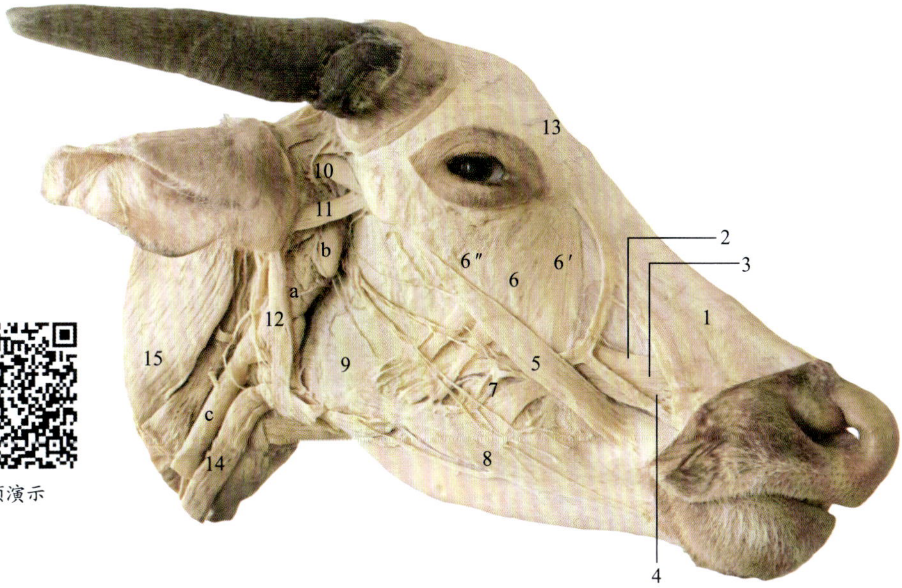

视频演示

图 7-3　牛头部肌外侧面观（塑化标本）

a. 腮腺　b. 腮腺淋巴结　c. 颈外静脉

1. 鼻唇提肌　2. 上唇提肌　3. 犬齿肌　4. 上唇降肌　5. 颧肌　6. 颧骨肌　6′. 颊提肌　6″. 下眼睑降肌　7. 颊肌　8. 下唇降肌　9. 咬肌　10～12. 耳肌　13. 额皮肌　14. 胸头肌　15. 臂头肌

【思考题】

1. 简述后肢各部主要肌肉的名称、位置和作用。
2. 咀嚼肌包括哪些肌肉？

【作业】

请手绘牛后肢肌的内、外侧面观，并注释。

实验八 牛消化器官（一）

【教学目标】

1. 掌握舌的形态和黏膜表面特征，以及齿式。
2. 掌握三大唾液腺的位置、形态和腺管开口的部位。
3. 掌握咽的位置、构造和通路。
4. 掌握食管的分段及其移行路径。
5. 掌握肝和胰的位置和形态构造。
6. 了解口腔的构成。

一、实验教具

标本：牛头部矢状面标本，舌、齿、肝和胰的标本。

二、实验内容

消化器由消化管和消化腺两部分组成。消化管是食物通过的管道，包括口腔、咽、食管、胃、小肠、大肠和肛门。消化腺是分泌消化液的腺体，包括壁内腺（胃腺、肠腺、颊腺等）和壁外腺（大唾液腺、肝、胰等）。

（一）口腔

口腔为消化管的起始部，包括唇、颊、硬腭、口腔底、舌、齿和唾液腺，借助齿弓分为口腔前庭和固有口腔两部分（图 8–1）。

1. 唇

唇形成口腔的前壁，以口轮匝肌为基础，外被皮肤，内衬黏膜，分为上唇和下唇。两唇之间为口裂，后方有口角，上唇中部与鼻孔之间形成鼻唇镜。唇黏膜和鼻唇镜皮肤深层都有腺体。牛唇较短厚，坚实而不灵活，在黏膜面有角质锥状乳头。

2. 颊

颊形成口腔的侧壁，主要由颊肌构成，外覆皮肤，内衬黏膜。牛颊黏膜形成许多锥状乳头，在颊黏膜和颊肌都有腺体。

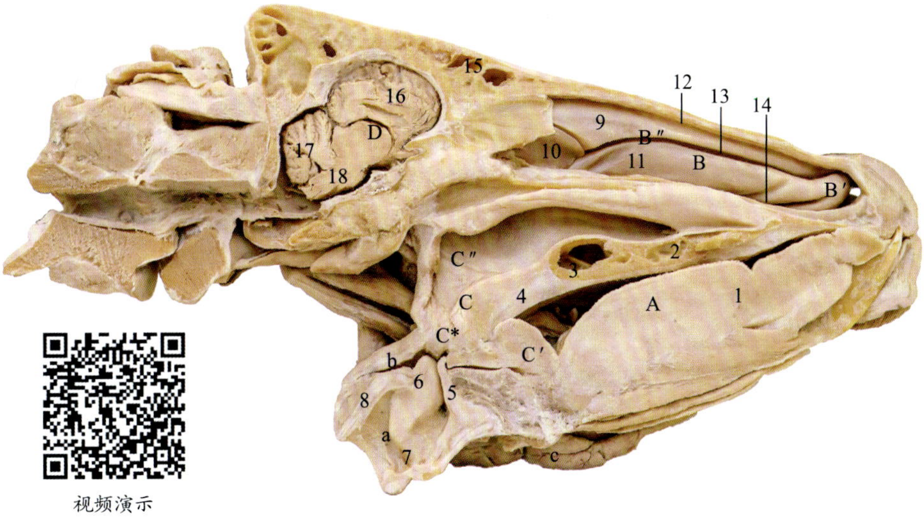

视频演示

图 8–1　牛头部矢状面观（塑化标本）

A. 口腔　B. 鼻腔　B′. 鼻前庭　B″. 固有鼻腔　C. 咽　C′. 口咽部　C″. 鼻咽部　C*. 喉咽部　D. 颅腔　a. 喉　b. 食管　c. 颌下腺　1. 舌　2. 硬腭　3. 蝶腭窦　4. 软腭　5. 会厌　6. 勺状软骨　7. 声带　8. 环状软骨　9. 上鼻甲　10. 中鼻甲　11. 下鼻甲　12. 上鼻道　13. 中鼻道　14. 下鼻道　15. 额窦　16. 大脑　17. 小脑　18. 脑干

3. 硬腭

硬腭形成口腔的顶壁，由切齿骨腭突、上颌骨腭突和腭骨水平部形成骨质基础，口腔面衬厚而坚实的黏膜，黏膜角质化。牛硬腭前端无上切齿，形成齿枕。齿枕间稍后方有菱形状的切齿乳头，乳头两侧有切齿管的开口。硬腭中部有纵行的腭缝，腭缝两侧有横行的腭褶，腭褶有许多角质化的锯齿状乳头（图 8–2）。

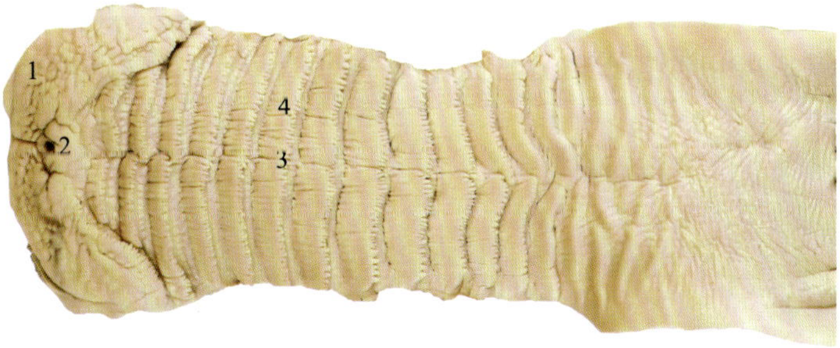

图 8–2　牛硬腭（固定标本）

1. 齿枕　2. 切齿乳头　3. 腭缝　4. 腭褶

4. 口腔底和舌

（1）口腔底　大部分被舌占据，前部以下颌骨切齿部为基础，表面被覆黏膜。口腔底前部有舌下肉阜，为颌下腺管和单口舌下腺管的开口处。

（2）舌　是牛采食的主要器官，同时也是味觉器官，主要由骨骼肌构成，表面覆以黏膜。形态上可分为舌尖、舌体和舌根 3 部分（图 8–3）。牛舌背侧形成椭圆形的舌圆枕，腹侧有 2 条舌系带。在舌根背侧和会厌褶两侧黏膜可见有舌扁桃体。在舌黏膜内有舌腺。

舌乳头按功能分为两类：一类是起机械性作用的，包括丝状乳头、圆锥状乳头和豆状乳头；另一类是乳头上皮有味蕾，为味觉感受器，包括菌状乳头和轮廓乳头。丝状乳头密布于舌尖和部分舌体的背侧。豆状乳头较少，圆而扁平；圆锥状乳头数量较多，呈较小的圆锥状，这两种乳头主要分布于舌圆枕上，可视为丝状乳头的变形。菌状乳头数量较多，呈圆点状，散布在舌尖和舌侧缘上。轮廓乳头较大，中间圆形，有环状沟，成排分布在舌圆枕后部的两侧，每侧有 8 ～ 17 个。

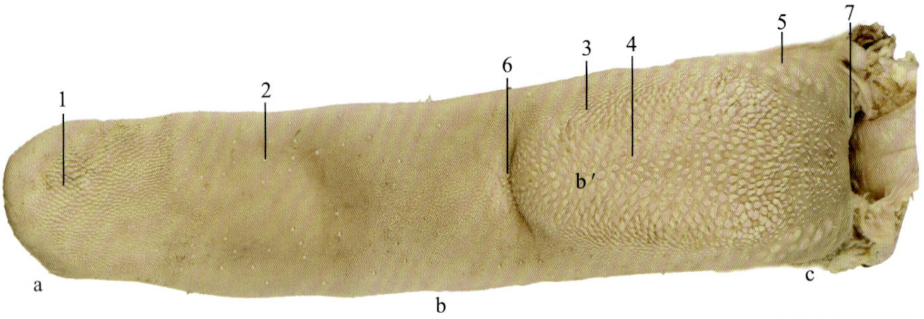

图 8-3　牛舌（固定标本）

a. 舌尖　b. 舌体　b′. 舌圆枕　c. 舌根

1. 丝状乳头　2. 菌状乳头　3. 圆锥状乳头　4. 豆状乳头

5. 轮廓乳头　6. 舌隐窝　7. 舌扁桃体

视频演示

5. 齿

齿是体内最坚硬的器官，嵌于切齿骨和上、下颌骨的齿槽内，起切断和咀嚼食物的作用。

（1）齿式　为上、下齿弓每半侧各种齿及其数目呈现的公式。按形态、位置和机能，齿可分为切齿、犬齿和臼齿 3 种。不同动物齿数目不相同，牛无上切齿和犬齿，下切齿每侧 4 颗，由内向外分别为门齿、内中间齿、外中间齿和隅齿。臼齿分为前臼齿和后臼齿，牛上、下颌的前臼齿和后臼齿每侧各 3 颗（图 2-2）。与恒齿相比，牛乳齿的上、下颌后臼齿未发育。

齿式：

$$2\left(\frac{\text{切齿（I）犬齿（C）前臼齿（P）后臼齿（M）}}{\text{切齿（I）犬齿（C）前臼齿（P）后臼齿（M）}}\right)$$

$$\text{牛的恒齿式：}2\left(\frac{0(\mathrm{I})0(\mathrm{C})3(\mathrm{P})3(\mathrm{M})}{4(\mathrm{I})0(\mathrm{C})3(\mathrm{P})3(\mathrm{M})}\right)=32$$

$$\text{牛的乳齿式：}2\left(\frac{0(\mathrm{I})0(\mathrm{C})3(\mathrm{P})0(\mathrm{M})}{4(\mathrm{I})0(\mathrm{C})3(\mathrm{P})0(\mathrm{M})}\right)=20$$

（2）齿的形态构造　齿可分为齿冠、齿颈和齿根 3 部分（图 8-4、图 8-5）。齿内有齿腔，腔内含有齿髓，在根部末端有齿根尖孔。在臼齿磨面有齿漏斗或齿坎；随着磨损，磨面会出现齿星。牛切齿属于短冠齿，臼齿属于长冠齿。齿主要由齿质、釉质和黏合质构成。

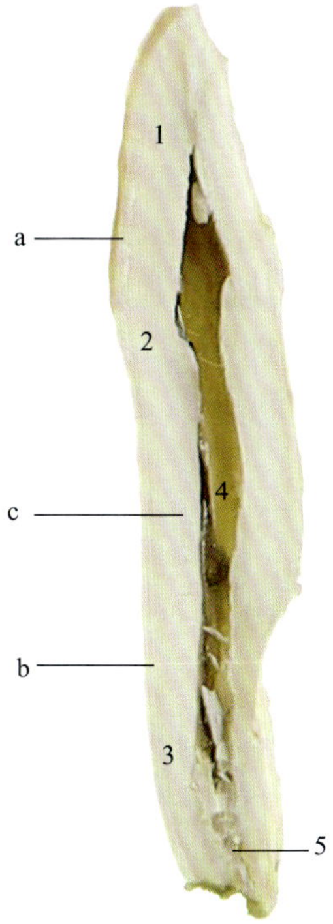

图 8-4　牛切齿

a. 釉质　b. 黏合质　c. 齿质　1. 齿冠
2. 齿颈　3. 齿根　4. 齿腔　5. 齿根尖孔

视频演示

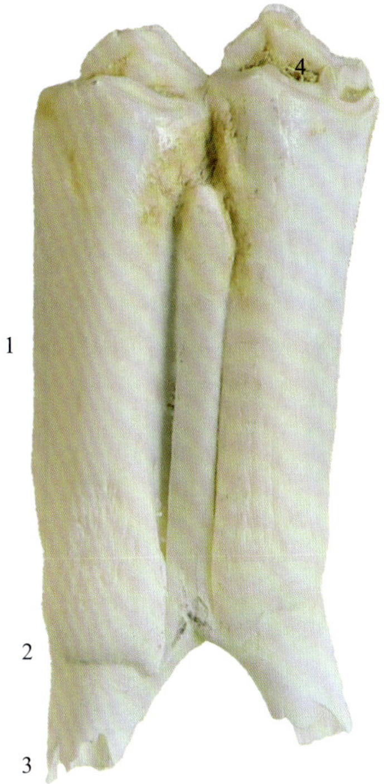

图 8-5　牛臼齿

1. 齿冠　2. 齿颈　3. 齿根　4. 齿漏斗

6. 唾液腺

唾液腺为分泌唾液的腺体。其中唇腺、颊腺、腭腺和舌腺为壁内腺，同时还有腮腺、颌下腺和舌下腺 3 大壁外腺（图 7–3、图 8–1）。唾液具有浸润饲料、利于咀嚼、便于吞咽、清洁口腔和参与消化等作用。

（1）腮腺　呈狭长的倒三角形，淡红褐色，位于下颌骨后缘、耳根下方，腮腺管开口于第 5 上臼齿相对的颊黏膜腮腺乳头上。

（2）颌下腺　呈新月形，淡黄色，部分被腮腺覆盖，自寰椎翼的腹侧向前下方伸达下颌间隙，颌下腺管开口于舌下肉阜。

（3）舌下腺　较小，淡黄色，位于舌体和下颌骨之间的黏膜下，分上、下两部分。上部为多口舌下腺（短管舌下腺），有许多小管开口于口腔底。下部为单口舌下腺（长管舌下腺），以 1 条总导管开口于舌下肉阜。

（二）咽和软腭

1. 咽

咽是消化道与呼吸道的共同通道，位于口腔和鼻腔的后方、喉的前上方。分为鼻咽部、口咽部和喉咽部 3 部分（图 8–1）。

（1）鼻咽部　位于软腭的背侧，前方有 2 个鼻后孔通鼻腔，后方通喉咽部；两侧壁上各有 1 个咽鼓管咽口，经咽鼓管与中耳相通。

（2）口咽部　位于软腭与舌根之间。前方以咽口与口腔相通，后方通喉咽部。侧壁有扁桃体窦，窦内有腭扁桃体。

（3）喉咽部　为咽的后部，位于喉口的背侧，后上方有食管口通食管，下方有喉口通喉腔。

2. 软腭

软腭为位于鼻咽部和口咽部之间的黏膜褶，内含肌肉和腺体，构成口腔的后顶壁（图 8–1）。软腭后缘为游离缘，前缘附着于腭骨水平部。软腭向两侧各有 2 条弓状黏膜褶，向前伸向舌根形成腭舌弓，向后伸向咽侧壁形成腭咽弓。软腭黏膜间有发达的腭腺。在吞咽过程中，软腭起活瓣作用。

（三）食管

食管是食物通过的管道，连接于咽和胃之间，分为颈、胸、腹 3 段（图 8–1、图 9–1）。

1. 移行路径

食管移行路径为：颈段食管起自咽的后方、喉的背侧，至颈中部渐偏向气管左侧，进入胸腔后在纵隔内移行并转至气管的背侧，再经膈的食管裂孔进入腹腔，以贲门开口于瘤胃。

2. 结构

食管壁由黏膜、黏膜下组织、肌层和外膜构成。牛食管肌层全部为横纹肌。

（四）肝和胰

1. 肝

肝是牛体内最大的腺体（图 8–6、图 8–7）。

（1）位置　牛肝大部分位于右季肋区，与膈相贴，长轴斜向前下方，从第 2、第 3 腰椎腹侧伸至第 6、第 7 肋骨下端。通过圆韧带、左三角韧带、右三角韧带、镰状韧带、左冠状韧带和右冠状韧带将肝连于膈和腹壁。

（2）形态　牛肝略呈长方形，扁而厚，淡褐色或深红褐色。包括 2 面（壁面、脏面）、4 缘（背缘、腹缘、左缘、右缘）和 3 叶（左叶、中叶、右叶）。壁面凸，与膈相贴；脏面凹，与网胃、皱胃、胰和十二指肠等接触，有肝门。背缘厚，有肾压迹；腹缘短而薄；左缘长而钝圆，有后腔静脉经过和食管压迹；右缘有肝圆韧带切迹和圆韧带。

牛肝无叶间切迹，故分叶不明显。由圆韧带切迹和胆囊将肝分为左、中、右 3 叶。中叶以肝门为界分为右侧的方叶和左侧的尾叶。尾叶有突向肝门的乳头突和盖于右叶脏面的尾状突。

（3）结构和功能　肝由被膜和实质组成。实质被结缔组织分成许多肝小叶，肝小叶是肝形态和功能的基本单位。肝的主要功能是分泌胆汁，同时具有解毒、防御、物质代谢、造血和贮血等功能。

（4）胆囊　为胆汁临时贮存的器官，位于肝脏面的方叶上，呈梨形，分为胆囊底、胆囊体和胆囊颈 3 部分（图 8–6）。以胆囊管与肝管汇合形成胆总管，开口于十二指肠乙状袢的第 2 曲。

视频演示

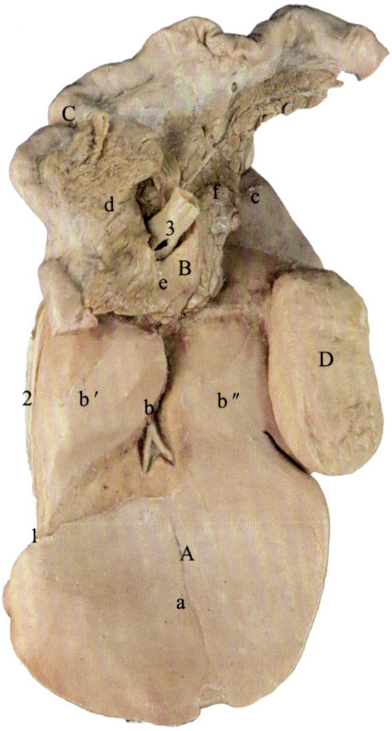

图 8–6　牛肝脏面观（塑化标本）

A. 肝　B. 胰　C. 十二指肠　D. 胆囊
a. 肝左叶　b. 肝中叶　b′. 尾状叶　b″. 方叶
c. 肝右叶　d. 胰左叶　e. 胰体　f. 胰右叶
1. 食管压迹　2. 后腔静脉　3. 门静脉

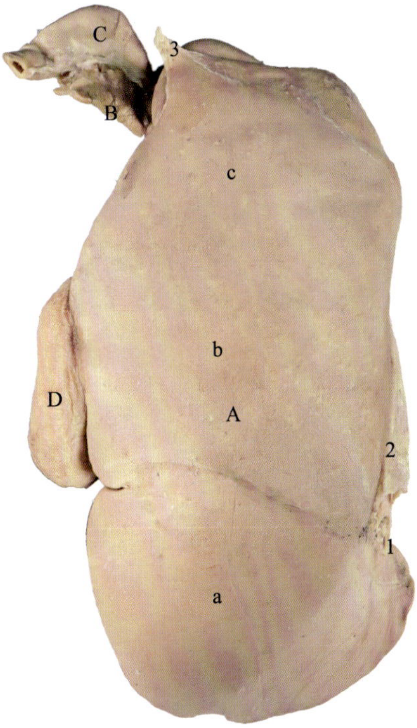

图 8–7　牛肝壁面观（塑化标本）

A. 肝　B. 胰　C. 十二指肠　D. 胆囊
a. 肝左叶　b. 肝中叶　c. 肝右叶
1. 食管压迹　2. 后腔静脉
3. 右三角韧带

2. 胰

胰为重要的消化腺，兼有内分泌功能（图 8–6）。

（1）位置　牛胰位于右季肋区和腰区，第 12 胸椎至第 2 ～ 4 腰椎间，肝门的正后方。

（2）形态　牛胰为不正四边形，呈淡至深的黄褐色，可分为胰右叶、胰体和胰左叶 3 部分。胰体背侧面形成胰环，供门静脉通过。胰右叶发达、较长，在其末端有 1 条胰管通出单独开口于十二指肠降部（在胆总管开口后 20 ～ 40 cm）。

（3）结构和功能　胰分为内分泌部和外分泌部。外分泌部占大部分，属消化腺，分泌胰液。内分泌部称胰岛，分泌胰岛素等。

【思考题】

1. 联系功能说明口腔和咽的构造，分析软腭在吞咽时的位置变化。
2. 简述牛舌的形态构造和舌黏膜上各种乳头的形态和位置。
3. 简述牛肝、胰的形态构造和位置。

【作业】

请手绘牛舌和肝的形态构造，并注释。

实验九 牛消化器官（二）

【教学目标】

1. 掌握牛胃、肠的形态构造和位置。
2. 掌握牛胃的体表投影。

一、实验教具

标本：牛体矢状面右侧部标本、胃标本和肠管标本。

二、实验内容

表 9-1 所示为家畜胃分类。

表 9-1　家畜胃分类

- 家畜的胃
  - 单室胃　如猪胃、马胃
  - 多室胃（反刍胃）　如牛胃、羊胃
    - 前胃（无腺体）
      - 瘤胃
      - 网胃
      - 瓣胃
    - 皱胃　真胃（有腺体）

（一）胃

胃为消化管的膨大部，具有暂时贮存食物、进行初步消化和推送食物进入十二指肠的作用。家畜的胃分为单室胃和多室胃（表 9-1）。牛作为多室胃动物，有瘤胃、网胃、瓣胃和皱胃 4 个胃（图 9-1 至图 9-3）。

1. 瘤胃

瘤胃是成年牛最大的一个胃，约占 4 个胃总容积的 80%。

（1）位置　瘤胃几乎占据整个腹腔的左侧，其下半部还伸到腹腔的右侧。

（2）形态构造　瘤胃为前后稍长、左右略扁的椭圆形囊状结构。有两个面，即壁面（左

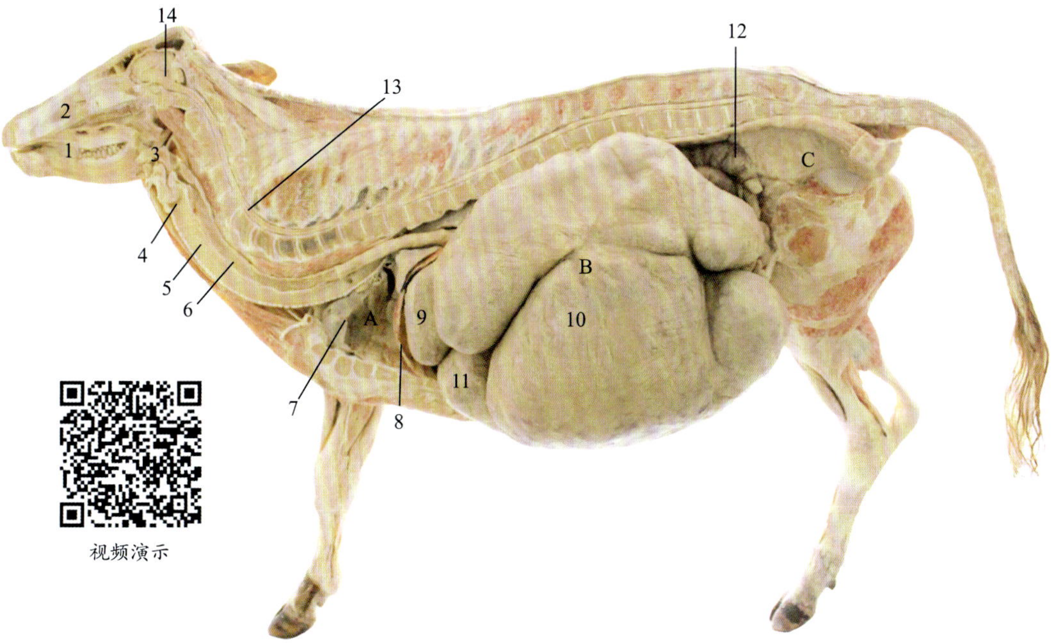

视频演示

图 9–1　牛体矢状面右侧部（塑化标本，胃保留）

A. 胸腔　B. 腹腔　C. 骨盆腔

1. 口腔　2. 鼻腔（鼻中隔）　3. 咽　4. 喉　5. 气管　6. 食管

7. 肺　8. 膈　9. 网胃　10. 瘤胃　11. 皱胃

12. 盲肠　13. 脊髓　14. 脑

侧面）和脏面（右侧面）。左侧面与左侧腹壁、脾及膈接触；右侧面与瓣胃、皱胃、肠、肝和胰等接触。左、右侧面分别有明显的左纵沟和右纵沟将瘤胃分为背囊和腹囊。背侧冠状沟将背囊后端隔为后背盲囊，腹侧冠状沟将腹囊后端隔为后腹盲囊。背囊和腹囊向前分别延续为瘤胃房和瘤胃隐窝。沟在瘤胃壁内面有相应的肉柱。贲门周围的穹隆为瘤胃前庭。食物经贲门入瘤胃，经反刍和瘤胃消化后的食物再通过瘤网口进入网胃。

（3）结构和功能　瘤胃壁由黏膜、黏膜下组织、肌层和浆膜构成。瘤胃黏膜呈棕黑色或棕黄色，无腺体，表面形成无数密集的瘤胃乳头，其中肉柱和瘤胃前庭的黏膜无乳头。瘤胃具有贮存、加工食物，参与反刍和进行微生物消化等功能。

2. 网胃

网胃为成年牛 4 个胃中最小的，约占 4 个胃总容积的 5%。

（1）位置　网胃位于季肋区正中矢面上，瘤胃房的前下方，膈之后，与第 6 ～ 8 肋骨相对，与心包距离为 2 ～ 5 cm。

（2）形态构造　网胃略呈梨形，前后稍扁。壁面（前面）凸，与膈相贴；脏面（后面）平，与瘤胃相贴。网胃壁内有 1 条网胃沟，沟两侧黏膜形成左、右唇。犊牛时期，左、右唇可闭合形成网胃管，上接贲门，下接瓣胃管，乳汁可直接从贲门经网胃管和瓣胃管到达皱胃。食物经瘤网口入网胃，经网胃消化后的食物再通过网瓣口进入瓣胃。

（3）结构和功能　网胃壁与瘤胃壁结构相似，不同的是网胃黏膜形成许多网格状的皱褶，似蜂房；在皱褶和房底部密布细小的角质乳头。网胃对饲料有二级磨碎功能，能够进行微生物消化和参与反刍活动。

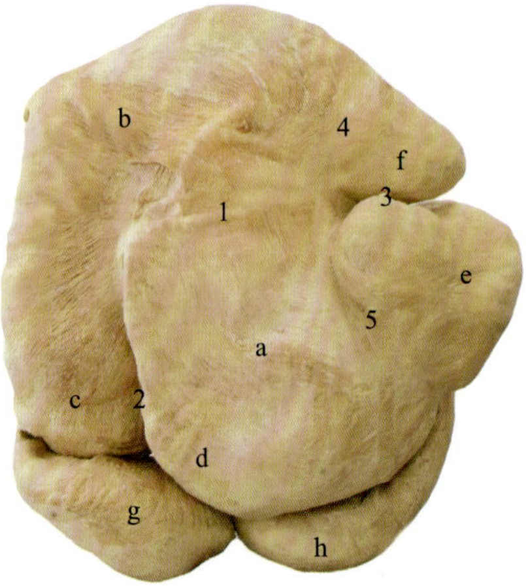

视频演示

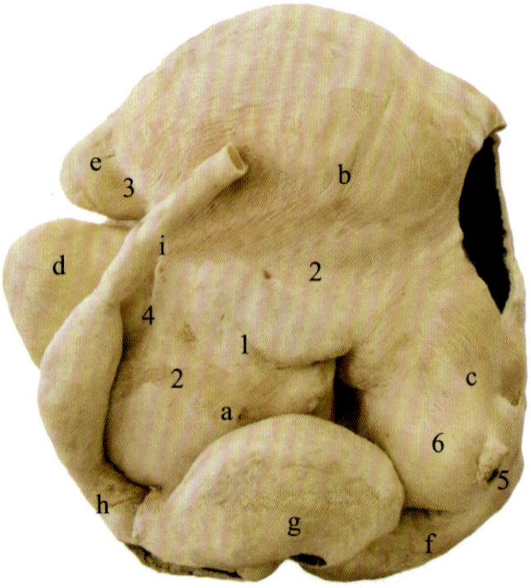

图 9-2 牛瘤胃左侧面观（塑化标本）

a. 瘤胃腹囊 b. 瘤胃背囊 c. 瘤胃房 d. 瘤胃隐窝
e. 后腹盲囊 f. 后背盲囊 g. 网胃 h. 皱胃
1. 左纵沟 2. 前沟 3. 后沟
4. 背侧冠状沟 5. 腹侧冠状沟

图 9-3 牛瘤胃右侧面观（塑化标本）

a. 瘤胃腹囊 b. 瘤胃背囊 c. 瘤胃房 d. 后腹盲囊
e. 后背盲囊 f. 网胃 g. 瓣胃 h. 皱胃
i. 十二指肠 1. 右纵沟 2. 右副沟
3. 背侧冠状沟 4. 腹侧冠状沟
5. 贲门 6. 瘤胃前庭

3. 瓣胃

瓣胃占成年牛 4 个胃总容积的 7% ～ 8%。

（1）位置 瓣胃位于右季肋区，在网胃和瘤胃交界处的右侧，与第 7 ～ 11（12）肋骨下半部相对，不与腹底壁相贴。

（2）形态构造 瓣胃呈两侧稍扁的球形，坚实。壁面（右面）隔着小网膜与肝接触，脏面（左面）与瘤胃相贴。朝向右后上方的凸缘为瓣胃弯，朝向左前下方的凹缘为瓣胃底。瓣胃上部以瓣胃颈和网瓣口与网胃相接，底壁有瓣胃沟。瓣胃沟与瓣胃叶的游离缘可形成瓣胃管，上接网胃沟，下通瓣皱口。食物经网瓣口入瓣胃，经瓣胃消化后的食物再通过瓣皱口进入皱胃。

（3）结构和功能 瓣胃壁结构与瘤胃、网胃壁相似，不同的是其黏膜形成百余片大小不等的瓣叶，故把瓣胃称为“百叶胃”。瓣胃对饲料研磨能力很强，可进行三级加工，同时进行微生物消化。瓣胃可吸收水分、氯化钠和低级脂肪酸等。

4. 皱胃

皱胃占成年牛 4 个胃总容积的 7% ～ 8%。

（1）位置 皱胃位于右季肋区和剑突区，在网胃和瘤胃腹囊的右侧，瓣胃的腹侧和后方，大部分与腹腔底壁紧贴，与第 8 ～ 12 肋骨相对。

（2）形态构造 皱胃呈前端粗、后端细的弯曲长囊状。可分为前端的胃底、中部的胃体和后端的幽门部 3 部分。皱胃背侧缘凹为小弯；腹侧缘凸向下，与腹壁相贴，为大弯。食物经瓣皱口入皱胃，经皱胃消化后的食糜再通过幽门进入十二指肠。在幽门黏膜处有幽门圆枕，控制幽门的启闭。

（3）结构和功能 皱胃壁由黏膜、黏膜下组织、肌层和浆膜构成。皱胃黏膜有腺体，并形成 12 ～ 14 片螺旋大皱褶。根据腺体位置和种类，黏膜分为贲门腺区、胃底腺区和幽门腺区 3 部分。贲门腺区位于瓣皱口周围，色淡，内有贲门腺；胃底腺区位于胃底和大部分胃体部，呈灰红色，内有胃底腺；幽门腺区位于幽门部和小部分胃体部，色黄，内有幽门腺。

皱胃的功能与单室胃相似，主要通过胃腺分泌大量的胃液对食糜进行化学消化。

（二）小肠

牛小肠较长，长 30 ～ 40 m，直径 5 ～ 6 cm，前端起于皱胃幽门，后端止于盲肠，可分为十二指肠、空肠和回肠 3 段（图 9–5）。小肠壁由黏膜、黏膜下组织、肌层和浆膜构成。黏膜形成许多环形皱褶和肠绒毛，富含肠腺、血管和神经等。小肠是消化吸收的主要部位，丰富的消化腺可分泌多种消化液，将食糜中大分子物质分解成小分子物质，然后被小肠吸收。

1. 十二指肠

十二指肠短，约 1 m，为小肠的起始段。

（1）位置　十二指肠位于右季肋区和腰区，以短的十二指肠系膜附着于结肠终端的外侧，位置较固定。

（2）形态构造　十二指肠可分为 3 部 3 曲，顺次为前部、十二指肠前曲、降部、十二指肠后曲、升部、十二指肠空肠曲。前部起于皱胃幽门向背侧走，止于肝门附近，呈乙状袢，在第 2 曲有胆总管的开口；降部由肝门走向右肾后方，有胰管开口；升部由右肾后方向前方延伸，并过渡为空肠，其以十二指肠结肠韧带与降结肠相连，韧带的游离缘可作为十二指肠与空肠的分界。

2. 空肠

空肠较长，长 23 ～ 33.5 m，为小肠的中间段。

（1）位置　空肠大部分位于右季肋区、右腹外侧区和右腹股沟区，由短的空肠系膜悬挂于结肠盘上。后部的肠管有较大的游离性。

（2）形态构造　空肠长，形成许多肠圈，形似花环，肠系膜长。

3. 回肠

回肠短，约 0.5 m，为小肠的末段。

（1）位置　回肠位于右腹外侧区。

（2）形态构造　回肠短、直、厚，以回肠口开口于盲肠，在开口处黏膜形成回肠乳头。其有回盲韧带与盲肠相连，可作为回肠与空肠的分界标志。

（三）大肠与肛门

牛大肠长 6.4 ～ 10 m，管径较小肠粗，可分为盲肠、结肠和直肠 3 段（图 9–4）。其结构与小肠相似，但黏膜平滑，不形成皱褶，无肠绒毛。大肠的主要功能为吸收盐类和水分，形成粪便。

1. 盲肠

盲肠短，长 0.5 ～ 0.7 m，直径约 12 cm，为大肠的起始段。

（1）位置　盲肠位于右腹外侧区，前端起自回肠口，后端（盲端）向后伸至骨盆前口的右侧。

（2）形态构造　盲肠呈圆筒状，背侧以短的盲结襞与结肠近袢相连，腹侧以回盲韧带与回肠相连。盲肠自回肠口向前，直接转为结肠。

2. 结肠

结肠较长，长 6 ～ 9 m，为大肠的中段，可分为升结肠、横结肠和降结肠 3 部分。

（1）升结肠　特别长，又分为结肠近袢、结肠旋袢和结肠远袢 3 段。

①结肠近袢　起自回肠口，为结肠前段，呈乙状弯曲。大部分位于右腹外侧区及小肠和结肠旋袢的背侧。

②结肠旋袢　为结肠中段，盘曲呈圆形的结肠盘，位于瘤胃的右侧，夹在总肠系膜两层浆膜之间。又可分为向心回、中央曲和离心回 3 段。从右侧看，向心回继近袢之后，以顺时针方向向内旋状 1.5 圈至中央曲，然后转为离心回，离心回以逆时针方向转 2 周至旋袢外周延伸为结肠远袢。

③结肠远袢　为升结肠后段，也呈乙状弯曲。在肠系膜根部沿十二指肠升部向后伸至第 5 腰椎处，再折转向前延伸至最后胸椎处，延续为横结肠。

（2）横结肠　短，为结肠远袢末端在最后胸椎腹侧经肠系膜前动脉前方，由右侧急转向左的横向肠管。

（3）降结肠　为横结肠的延续，在肠系膜前动脉的左侧向后行至骨盆前口的一段肠管，其活动性较大。降结肠后部形成 S 形弯曲，此曲又称乙状结肠。

3. 直肠

直肠短而直，约 0.4 m，位于骨盆腔内，可分为前部的腹膜部（直肠前 3/5）和后部的腹膜外部两部分。腹膜部由直肠系膜系于盆腔的顶壁，腹膜外部借助疏松结缔组织和肌肉附着于骨盆周壁。积粪时，直肠可形成不明显的直肠壶腹。

4. 肛门

直肠的末端为肛管和肛门。肛管为直肠壶腹后端变细部分，以肛直线为界与直肠黏膜分开，按顺序分为肛柱区、中间区和皮区 3 个区。前部的肛柱区有直肠柱、肛瓣和直肠窦。中间区狭窄。皮区围绕肛门内面，黏膜与皮肤交界处形成齿状线。

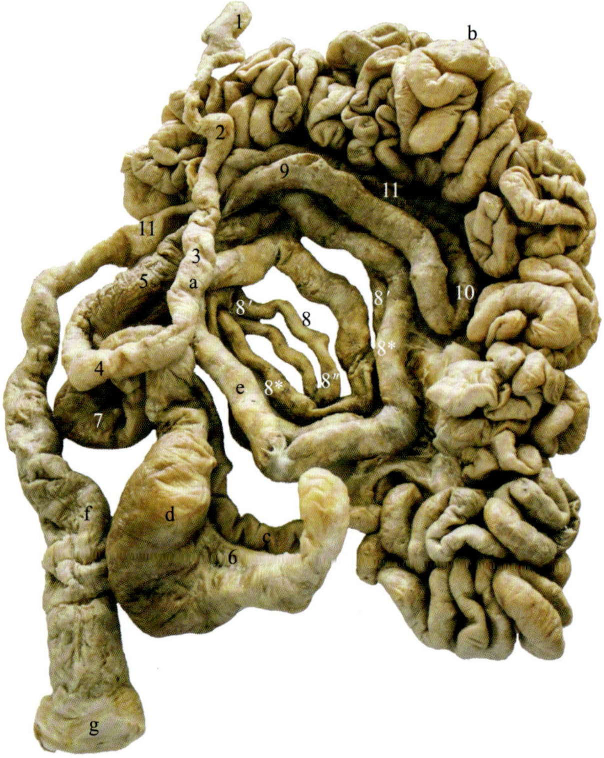

视频演示

图 9-4　牛肠管（塑化标本）

a. 十二指肠　b. 空肠　c. 回肠　d. 盲肠　e. 结肠　f. 直肠　g. 肛门　1. 十二指肠前部　2. 十二指肠前曲　3. 十二指肠降部　4. 十二指肠后曲　5. 十二指肠升部　6. 回盲韧带　7. 升结肠近袢　8. 升结肠旋袢　8′. 向心回　8″. 中央曲　8*. 离心回　9. 升结肠远袢　10. 横结肠　11. 降结肠

肛门为消化管末端，开口于尾根下方，由皮肤、肌层和黏膜 3 层构成。黏膜形成许多纵褶，填塞于肛管；肌层主要包括肛门内括约肌（平滑肌）和肛门外括约肌（横纹肌），起着关闭肛门的作用。在肛门两侧还有肛提肌和肛悬韧带。

【思考题】

1. 牛肠由哪几部分组成？简述各部的形态构造和位置特点。
2. 简述牛 4 个胃的形态构造和位置，分析创伤性心包炎发生的原因。
3. 分析饲料进入牛消化管后的消化、吸收路线图。

【作业】

请手绘牛胃的形态构造和体表投影示意图，并注释。

实验十 马和猪的消化器官

【教学目标】

掌握马和猪的主要消化器官的形态构造和位置特征。

一、实验教具

标本：猪胸腹腔脏器标本，马和猪的头部矢状面标本、舌标本、头骨标本以及肠、肝、胰标本。

二、实验内容

（一）口腔

1. 唇和颊

马的唇薄而灵活，是采食的主要器官，在上唇中部有人中，下唇有明显的颏部（图 10–1）。猪的上唇短而厚，与鼻端一起形成吻突，有掘地觅食的作用；下唇小而尖，与上唇形成较大的口裂（图 10–2）。马和猪的颊黏膜表面光滑。唇和颊黏膜下均分布有腺体。

2. 硬腭

硬腭形成口腔的顶壁，中部有腭缝，腭缝两侧有横行的腭褶；前端有切齿乳头。猪切齿乳头两侧有切齿管，通鼻腔；马切齿管不明显。

3. 舌

马和猪的舌体窄而长，无舌圆枕，马舌尖扁平，猪舌尖薄而尖。马舌黏膜表面有 4 种乳头，包括菌状乳头、丝状乳头、轮廓乳头和叶状乳头（图 10–3）。猪舌黏膜表面有 5 种乳头，包括菌状乳头、丝状乳头、圆锥状乳头、轮廓乳头和叶状乳头（图 10–4）。其中菌状乳头、轮廓乳头和叶状乳头上皮有味蕾，丝状乳头和圆锥状乳头起着机械性作用。

马的丝状乳头与食物、细菌混合而附着于舌表面，形成舌苔。马和猪的轮廓乳头一般只有 1 对；叶状乳头也为 1 对，位于舌体后方两侧，由若干个小叶组成。

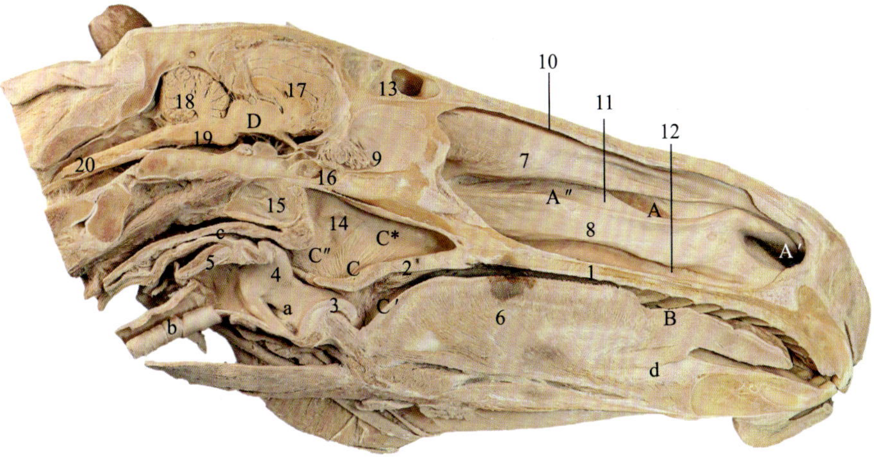

图 10-1　马头部矢状面观（塑化标本）

A. 鼻腔　A′. 鼻前庭　A″. 固有鼻腔　B. 口腔　C. 咽　C′. 口咽部　C″. 喉咽部
C*. 鼻咽部　D. 颅腔　a. 喉　b. 气管　c. 食管　d. 舌下腺　1. 硬腭　2. 软腭
3. 会厌　4. 勺状软骨　5. 环状软骨　6. 舌　7. 上鼻甲　8. 下鼻甲
9. 筛鼻甲　10. 上鼻道　11. 中鼻道　12. 下鼻道　13. 额窦
14. 咽鼓管咽口　15. 咽鼓管囊　16. 蝶腭窦
17. 大脑　18. 小脑　19. 脑干　20. 脊髓

视频演示

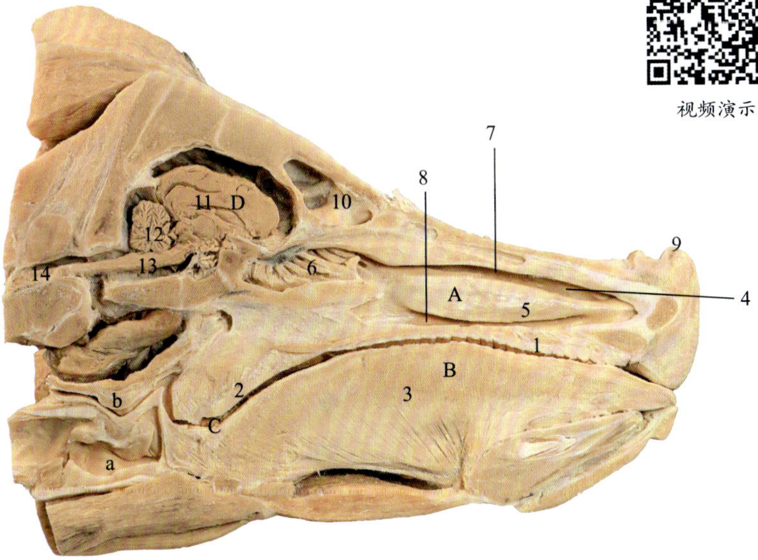

图 10-2　猪头部矢状面观（塑化标本）

A. 鼻腔　B. 口腔　C. 咽　D. 颅腔　a. 喉　b. 食管
1. 硬腭　2. 软腭　3. 舌　4. 上鼻甲　5. 下鼻甲　6. 筛鼻甲　7. 中鼻道
8. 下鼻道　9. 吻突　10. 额窦　11. 大脑　12. 小脑
13. 脑干　14. 脊髓

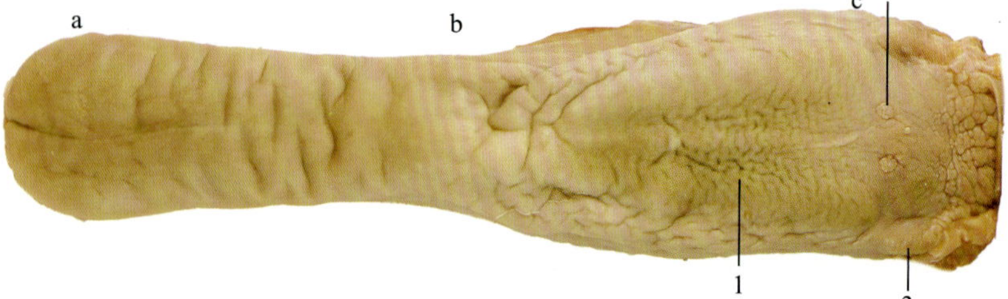

图 10-3　马舌（固定标本）

a. 舌尖　b. 舌体　c. 舌根　1. 丝状乳头　2. 轮廓乳头　3. 叶状乳头

视频演示

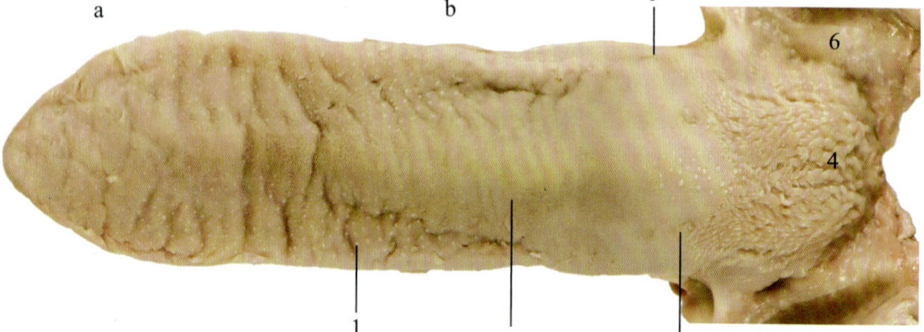

图 10-4　猪舌（固定标本）

a. 舌尖　b. 舌体　c. 舌根　1. 菌状乳头　2. 丝状乳头　3. 轮廓乳头　4. 圆锥状乳头　5. 叶状乳头　6. 腭扁桃体

4. 齿

马和猪的上、下颌切齿各有 3 对，由内向外依次为门齿、中间齿和隅齿；切齿后方有上、下颌犬齿各 1 对，通常母马无犬齿（图 10-5、图 10-6）。马上、下颌的前臼齿和后臼齿各有 3 对，前臼齿通常依次为第 2、第 3、第 4 前臼齿，在上颌偶见不发达的第 1 前臼齿；猪上、下颌各有 4 对前臼齿和 3 对后臼齿。乳齿中，马的犬齿和后臼齿未发育；猪的犬齿发育，上、下颌的前臼齿各发育 3 对，后臼齿未发育。马的犬齿属短冠齿，其余齿均为长冠齿；猪的犬齿为长冠齿，其余齿均为短冠齿。

$$公马的恒齿式：2\left(\frac{3(I)1(C)3(4)(P)3(M)}{3(I)1(C)3(P)3(M)}\right)=40\sim42$$

$$母马的恒齿式：2\left(\frac{3(I)0(C)3(4)(P)3(M)}{3(I)0(C)3(P)3(M)}\right)=36\sim38$$

$$马的乳齿式：2\left(\frac{3(I)0(C)3(P)0(M)}{3(I)0(C)3(P)0(M)}\right)=24$$

$$猪的恒齿式：2\left(\frac{3(I)1(C)4(P)3(M)}{3(I)1(C)4(P)3(M)}\right)=44$$

$$\text{猪的乳齿式：}2\left(\frac{3(\mathrm{I})1(\mathrm{C})3(\mathrm{P})0(\mathrm{M})}{3(\mathrm{I})1(\mathrm{C})3(\mathrm{P})0(\mathrm{M})}\right)=28$$

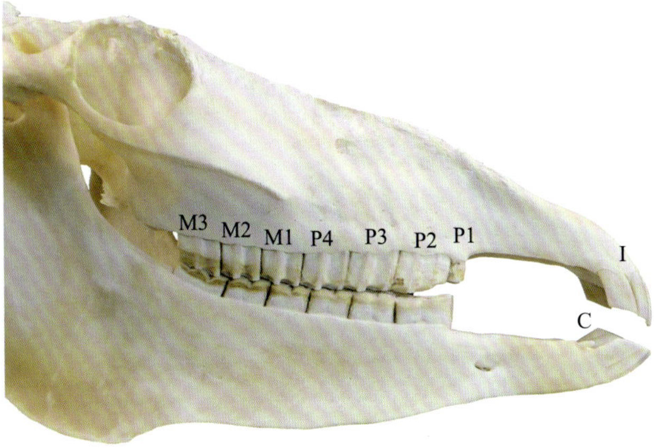

图 10–5　公马齿示意图

I. 切齿　C. 犬齿　P1 ～ P4. 前臼齿
M1 ～ M3. 后臼齿

视频演示

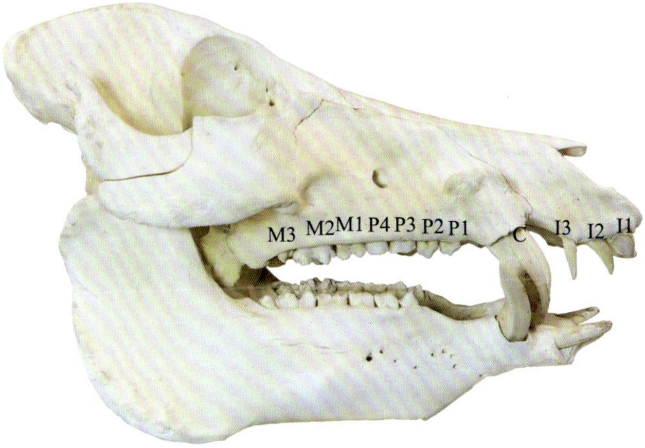

图 10–6　猪齿示意图

I1 ～ I3. 切齿　C. 犬齿
P1 ～ P4. 前臼齿　M1 ～ M3. 后臼齿

5. 唾液腺

（1）腮腺　位于耳根下方，下颌支后方。腮腺为马属动物最大的唾液腺，呈长四边形，灰黄色，腮腺管开口于第 3 上前臼齿对应的颊黏膜腮腺乳头上。猪腮腺发达，呈三角形，淡黄色，腮腺管开口于第 4 或第 5 上臼齿对应的颊黏膜腮腺乳头上。

（2）颌下腺　马颌下腺狭长而弯曲，呈茶褐色；后端位于寰椎窝，前端位于舌根的外侧、腮腺的深面和下颌间隙。猪颌下腺呈扁椭圆形，淡红色，位于腮腺深面和下颌支内侧。马和猪的颌下腺管均开口于舌下肉阜。

（3）舌下腺　位于舌体和下颌骨之间的黏膜下。马舌下腺呈片状，只有多口舌下腺，有 30 多条腺管直接开口于口腔底的舌下外侧隐窝。猪舌下腺包括前、后两部分。前部为多口舌下腺，有 8 ～ 10 条腺管直接开口于舌体两侧的口腔底黏膜；后部为单口舌下腺，腺管与颌下腺管共同开口于舌下肉阜。

6. 咽和软腭

马的咽较牛的略长（图 10–1）。在咽鼓管咽口后方的正中，黏膜向后上方形成咽隐窝。马属动物的咽鼓管在颅底和咽后壁之间形成咽鼓管囊。猪咽狭而长，向后伸至枢椎平面（图

10–2）。咽内口小，直径 1.5 ～ 2 cm。鼻咽部的顶壁有咽中隔，侧壁有咽鼓管咽口；喉咽部底壁在喉突起两侧有深而明显的梨状隐窝。

马软腭发达，游离缘伸至会厌基部，将口咽部与鼻咽部隔开，故马不能用口呼吸。倘若逆呕时，逆呕物常从鼻孔流出。猪软腭短而厚，向后伸至会厌口腔面的中部，游离缘正中有小的悬雍垂，口腔面正中沟两侧有腭扁桃体。

（二）食管

马食管较长，起始部位于喉与气管背侧，至颈中部绕至气管的左侧；胸段在纵隔内向后延伸，于第 3 胸椎处从气管左侧绕至背侧，经主动脉弓的右侧向后，穿过食管裂孔进入腹腔，与贲门相接。猪的食管短而直，颈段始终位于气管的背侧。马食管前部为横纹肌，气管分叉处之后为平滑肌。猪食管除腹部为平滑肌外，全长都为横纹肌。

（三）胃

（1）位置　胃位于腹腔最前部，膈的后方，大部分位于左季肋区，仅幽门部在右季肋区。马胃不与腹腔底壁相贴；当猪饱食时，胃大弯可与腹腔底相贴。通过胃膈韧带及其食管将胃固着于膈上。

（2）形态构造　马和猪的胃均呈 U 形囊状，其中马胃前、后压扁。壁面向前，与肝和膈接触；脏面朝后，与大肠、胰及大网膜接触。腹缘凸向下方，为胃大弯；背缘凹，为胃小弯。马胃包括胃盲囊、胃体和幽门部 3 部分（图 10–7），猪胃包括胃憩室、胃底、胃体和幽门部 4 部分（图 10–8）。在猪胃幽门处的小弯侧有幽门圆枕，长 3 ～ 4 cm，起着关闭幽门的

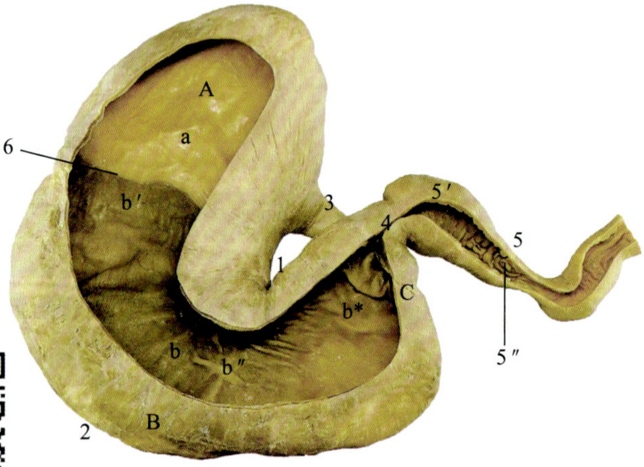

图 10–7　马胃（塑化标本）

A. 胃盲囊　B. 胃体　C. 幽门部　a. 无腺区
b. 有腺区　b′. 贲门腺区　b″. 胃底腺区　b*. 幽门腺区
1. 胃小弯　2. 胃大弯　3. 食管　4. 幽门　5. 十二指肠
5′. 十二指肠壶腹　5″. 十二指肠憩室　6. 褶缘

视频演示

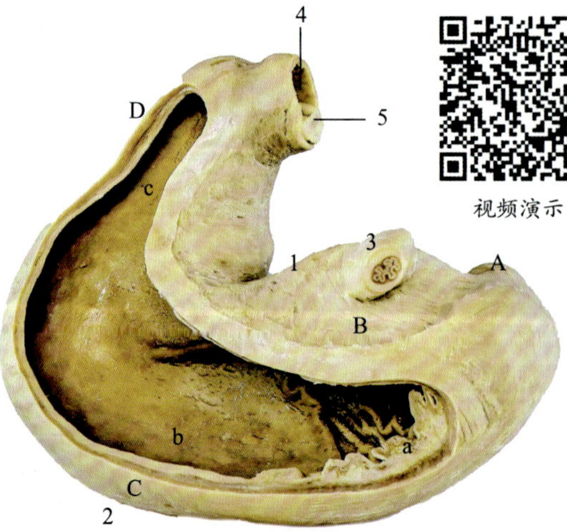

图 10–8　猪胃（塑化标本）

A. 胃憩室　B. 胃底　C. 胃体　D. 幽门部
a. 贲门腺区　b. 胃底腺区　c. 幽门腺区
1. 胃小弯　2. 胃大弯　3. 食管
4. 幽门　5. 幽门圆枕

作用。

（3）胃壁黏膜层的特点　马和猪的胃黏膜分为有腺区和无腺区（表 10–1）。无腺区主要在贲门周围，类似食管的黏膜。有腺区包括贲门腺区、胃底腺区和幽门腺区。马的有腺区与无腺区之间有条褶缘，故分界明显。

表 10–1　马和猪的胃黏膜分区

- **马胃黏膜**
  - 无腺区　较大，呈白色，位于褶缘以上的胃黏膜
  - 有腺区
    - 贲门腺区　小，呈灰黄色，位于褶缘周围的窄带状区域
    - 胃底腺区　大，呈棕红色，位于贲门腺区下方大部
    - 幽门腺区　呈黄色或灰红色，位于胃底腺区右侧和幽门部
- **猪胃黏膜**
  - 无腺区　小，呈白色，位于贲门周围
  - 有腺区
    - 贲门腺区　大，呈淡红或淡灰色，位于胃底、胃憩室和胃体近侧部
    - 胃底腺区　大，呈棕红色，位于胃体的远侧部
    - 幽门腺区　呈灰红色至黄色，位于幽门部

（四）肠

1. 小肠

小肠分为十二指肠、空肠和回肠 3 段（图 10–9 至图 10–12）。

（1）十二指肠　马和猪的十二指肠主要位于右季肋区和腰区，可分为前部、降部和升部。马十二指肠约长 1 m，猪十二指肠长 40 ～ 90 cm。起自幽门，在右季肋区后行，至右肾后方转行左侧，向前继续延伸为空肠。前部呈乙状弯曲，马十二指肠前部第 1 曲膨大，为十二指肠壶腹；第 2 曲有肝总管和胰管开口的十二指肠憩室。猪胆总管开口于十二指肠大乳头（距幽门 2 ～ 5 cm），胰管开口于十二指肠小乳头（距幽门 10 ～ 12 cm）。

（2）空肠　马和猪的空肠形态相似，较长，迂回盘曲，系于空肠系膜上。马空肠约长 20 m，猪空肠长 14 ～ 19 m。马的空肠占据腹腔左半部的背侧；因系膜长，空肠移动范围广。猪的空肠大部分位于腹腔的右半部，小部分位于腹腔左侧后部。

（3）回肠　马和猪的回肠短、直、厚，管壁内有大量淋巴组织，通过回盲韧带与盲肠相连；以回肠口突入盲肠，形成回肠乳头。马回肠长约 1 m，猪长 0.7 ～ 1 m。马回肠走向为从左腹外侧区斜向右背侧伸至盲肠底小弯。猪回肠从左腹股沟区走向前背内侧至左腹外侧区的盲肠。

2. 大肠

大肠分为盲肠、结肠和直肠 3 段（图 10–9 至图 10–12）。

（1）盲肠　马盲肠发达，容积达 25 ～ 30 L，呈逗点状，可分为盲肠底、盲肠体和盲肠尖 3 部分。盲肠底背侧缘凸为盲肠大弯；腹侧缘凹为盲肠小弯，在盲肠小弯有回肠口和结肠口（盲结口）。马盲肠从右腹外侧区斜向脐区和剑突区。猪的盲肠短而直，长 20 ～ 30 cm，呈圆筒状，位于左腹外侧区。马盲肠表面有 4 条肠带和 4 列肠袋，猪盲肠表面则有 3 条肠带

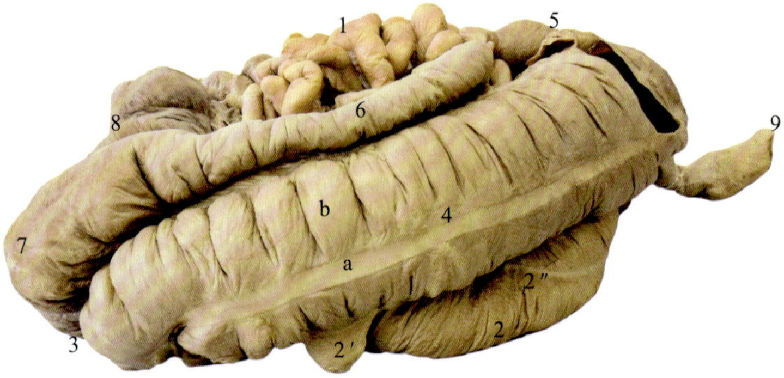

图 10-9　马肠管左侧观（塑化标本）

a. 肠带　b. 肠袋　1. 空肠
2. 盲肠　2′. 盲肠尖　2″. 盲肠体
3. 胸骨曲　4. 左下大结肠　5. 盆曲
6. 左上大结肠　7. 膈曲
8. 右上大结肠　9. 肛门

视频演示

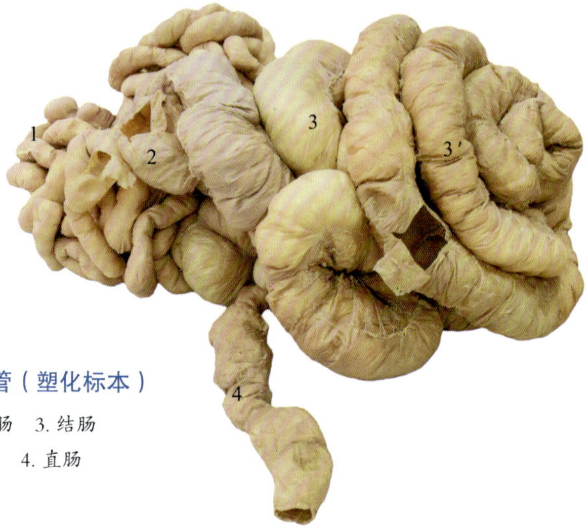

图 10-10　猪肠管（塑化标本）

1. 空肠　2. 盲肠　3. 结肠
3′. 结肠旋袢　4. 直肠

视频演示

图 10-11　猪胸腹腔脏器右侧面观（固定标本，雌性）

1. 腮腺　2. 腮腺淋巴结　3. 右肺　4. 心　5. 膈　6. 肝　7. 空肠　8. 膀胱

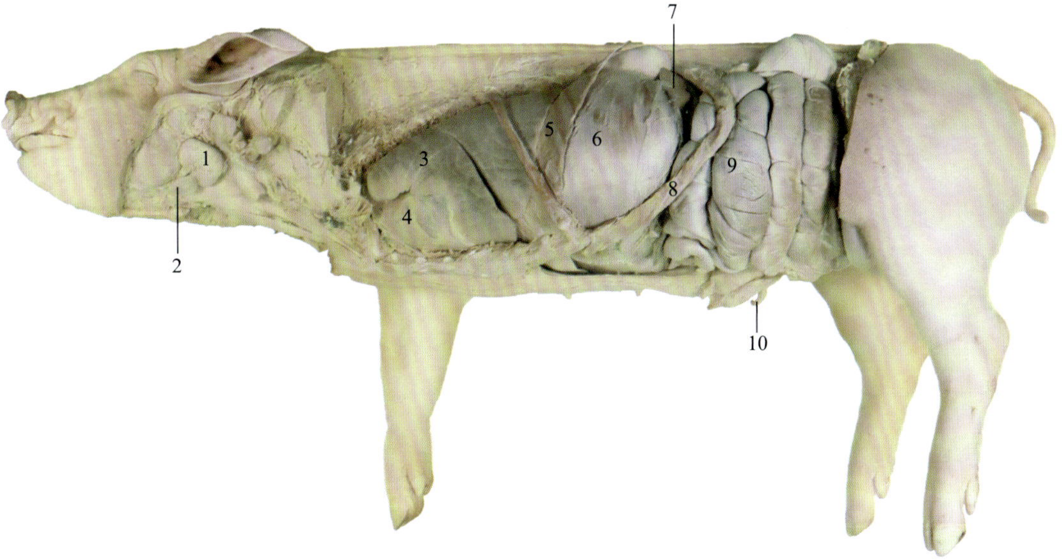

图 10-12 猪胸腹腔脏器左侧面观（固定标本，雄性）

1. 颌下腺 2. 下颌淋巴结 3. 左肺 4. 心 5. 膈 6. 胃 7. 脾 8. 肋弓 9. 结肠 10. 阴茎

和 3 列肠袋。

（2）结肠　分为升结肠、横结肠和降结肠（图 10-9、图 10-10）。

①升结肠：马的升结肠发达，长 3 ～ 3.7 m，位于腹腔下半部，盘曲成双层马蹄铁形，可分为 4 部 3 曲，即右下大结肠→胸骨曲→左下大结肠→盆曲→左上大结肠→膈曲→右上大结肠。右下大结肠起自盲结口，起始端附近的管径较细，为结肠颈。右下大结肠由结肠颈沿着右侧肋弓向前下方至剑状软骨上方并行向左侧，构成胸骨曲。左下大结肠由胸骨曲沿左侧肋弓向后上方行至骨盆腔口，再曲向背侧，形成盆曲。左上大结肠由盆曲沿左下大结肠背侧向前至胸骨曲背侧，形成膈曲。右上大结肠由膈曲在右下大结肠背侧向后行，管径逐渐增大，至盲肠底内侧体积最大，形成结肠壶腹。结肠壶腹之后，管径急剧变细，延续为横结肠。马的升结肠可见肠带和肠袋。

猪升结肠主要位于腹腔左侧半部，在结肠系膜中盘曲形成结肠旋袢，呈倒立的圆锥状。结肠圆锥由向心回和离心回组成。向心回管径较粗，位于外周，顺时针绕中心轴向下旋 3 圈至锥顶（从背侧面观），然后折转为离心回。向心回肠管表面见有 2 条肠带和 2 列肠袋。离心回管径变细，无肠带和肠袋，以逆时针绕中心轴向上旋转 3 圈至锥底。离心回向前延伸为结肠终袢。

②横结肠：马横结肠承接大结肠末端缩细部，由右至左在肠系膜前动脉前方越过，转而延续为降结肠；借腹膜和疏松结缔组织附于胰的腹侧面及盲肠底，位置固定。猪横结肠为结肠终袢在肠系膜根的前方由右侧伸至左侧的横向肠管。

③降结肠：马降结肠粗细及结构与横结肠相仿，长约 3.5 m，由降结肠系膜系于左肾腹侧至荐骨岬之间的腹腔顶壁，移动范围大，常与空肠混在一起。降结肠具有 2 条结肠带和 2 列结肠袋，凭此与空肠相区别。猪降结肠靠近正中平面向后延伸至骨盆前口，移行为直肠。

（3）直肠与肛管　直肠自骨盆前口起至肛门止，位于骨盆腔内。直肠后部膨大，为直肠壶腹。肛门位于第 3 ～ 4 尾椎下方，有肛门内括约肌、肛门外括约肌和肛提肌等。

（五）肝和胰

1. 肝

（1）位置　马和猪的肝位于腹腔最前部，大部分位于右季肋区，小部分位于左季肋区。

（2）形态构造　马肝呈棕褐色，厚板状，重约 5 kg，分为 2 个面（脏面、壁面）、4 个缘（背缘、腹缘、左缘、右缘）和 3 个肝叶（左叶、中叶、右叶）。壁面凸，接膈；脏面凹，与胃、肠等接触，中央有肝门。背缘厚，有食管压迹和后腔静脉通过；腹缘薄。左叶包括左外叶和左内叶；从脏面观，中叶包括肝门背侧的尾状叶和肝门腹侧的方叶。尾状叶向右侧突出形成尾状突。通过左三角韧带、右三角韧带、左冠状韧带、右冠状韧带、镰状韧带等牢牢地将肝固定在腹腔内（图 10-13）。马无胆囊，肝的输出管为肝总管，由肝左管和肝右管汇合而成，开口于十二指肠憩室内。

猪肝呈红褐色，中央厚、四周薄，重 1.0 ～ 2.5 kg，以 3 个深的叶间切迹分为 4 叶，即左外叶、左内叶、右内叶和右外叶。左外叶最大，右内叶内侧有不发达的中叶，中叶包括位于肝门背侧的尾状叶和肝门腹侧的方叶。尾状叶有尾状突，无乳头突。肝背缘有食管压迹和后腔静脉通过。胆囊位于肝脏面的胆囊窝内，胆囊管与肝管在肝门处汇合形成胆总管，开口于十二指肠大乳头（图 10-14）。猪肝的小叶间结缔组织发达，肝小叶分界清楚，肉眼清晰可见。

2. 胰

胰呈三角形，可分为 3 叶，即胰体、左叶和右叶（图 10-15、图 10-16）。马胰柔软呈淡红色，在第 16 ～ 18 胸椎水平横位于腹腔顶壁下方，大部分在体中线右侧。马胰管自胰体走出，与肝总管一起开口于十二指肠憩室。副胰管自胰管或左支分出，开口于十二指肠憩室对侧的黏膜上。猪胰呈淡黄色，位于最后两枚胸椎和前两枚腰椎的腹侧。胰管从右叶走出，开口于十二指肠小乳头。

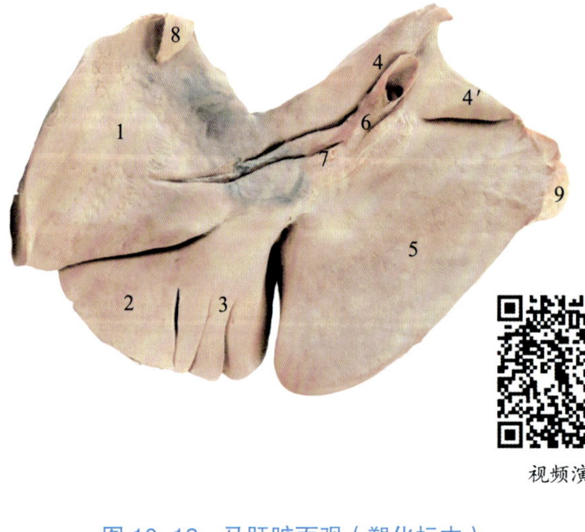

视频演示

图 10-13　马肝脏面观（塑化标本）

1. 左外叶　2. 左内叶　3. 方叶　4. 尾状叶　4′. 尾状突　5. 右叶　6. 门静脉　7. 肝动脉　8. 左三角韧带　9. 右三角韧带

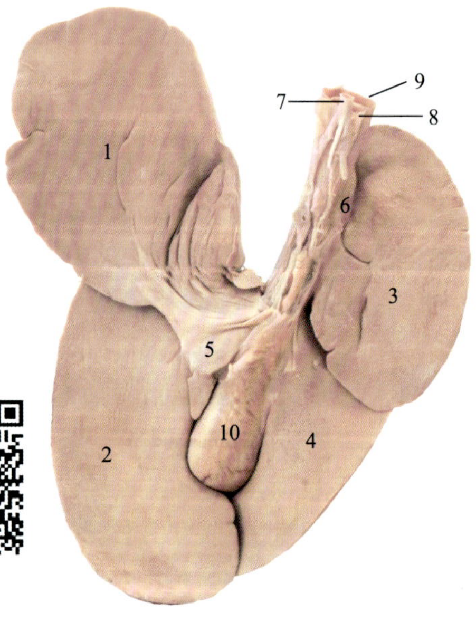

图 10-14　猪肝脏面观（塑化标本）

1. 左外叶　2. 左内叶　3. 右外叶　4. 右内叶　5. 方叶　6. 尾状叶　7. 肝动脉　8. 门静脉　9. 后腔静脉　10. 胆囊

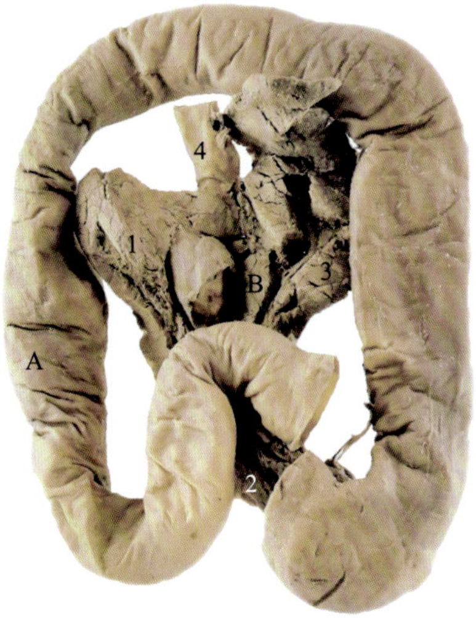

图 10-15　马胰（塑化标本）

A. 十二指肠　B. 胰　1. 胰左叶
2. 胰体　3. 胰右叶　4. 门静脉

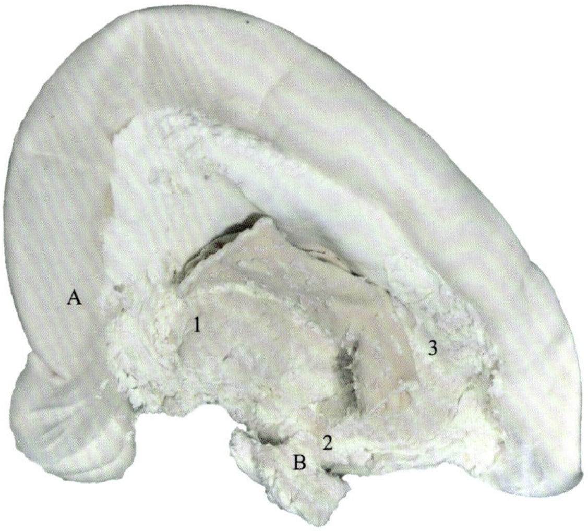

图 10-16　猪胰（固定标本）

A. 十二指肠　B. 胰
1. 胰左叶　2. 胰体　3. 胰右叶

【思考题】

1. 比较马和猪的胃形态构造和位置。
2. 简述马盲肠的形态构造和位置。
3. 观察马升结肠的形态构造和位置，分析哪段肠管容易发生结症。

【作业】

请手绘马结肠的形态构造，并注释。

实验十一 呼吸器官

【教学目标】

1. 掌握牛、猪、马的呼吸器官的形态构造和位置。
2. 掌握喉结构与功能之间的联系。
3. 了解鼻黏膜分布和功能。

一、实验教具

标本：牛体矢状面左侧部标本，牛、马、猪的头部矢状面标本、喉标本和肺标本。

二、实验内容

呼吸器官是畜体实现呼吸主要依靠的器官，包括呼吸道、气体交换器官和一些辅助装置（图 11–1）。

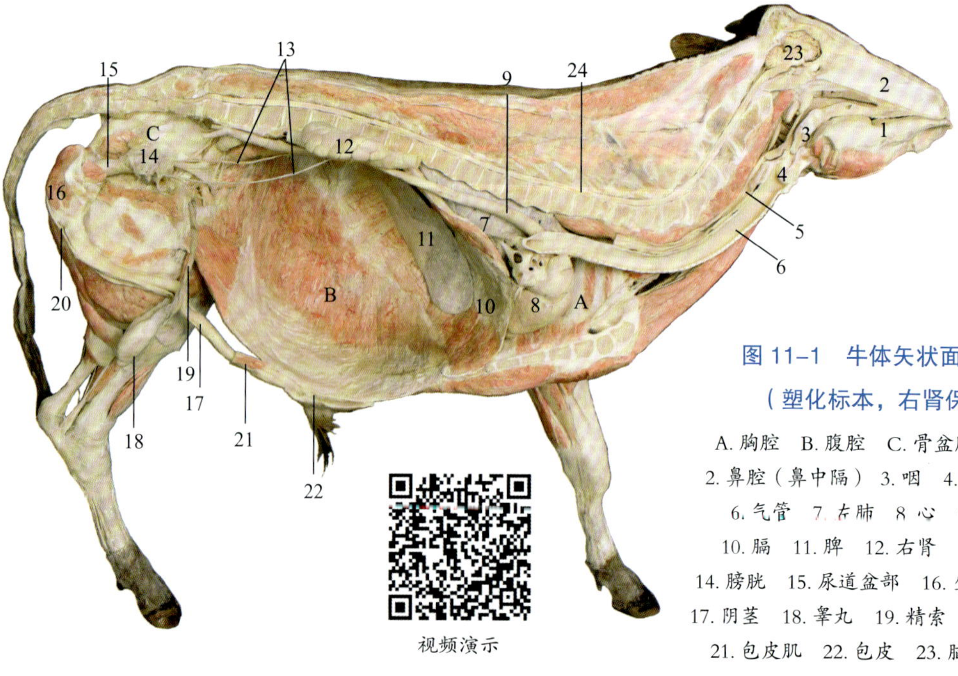

视频演示

图 11–1 牛体矢状面左侧部

（塑化标本，右肾保留）

A. 胸腔 B. 腹腔 C. 骨盆腔 1. 口腔 2. 鼻腔（鼻中隔） 3. 咽 4. 喉 5. 食管 6. 气管 7. 左肺 8. 心 9. 主动脉 10. 膈 11. 脾 12. 右肾 13. 输尿管 14. 膀胱 15. 尿道盆部 16. 坐骨海绵体肌 17. 阴茎 18. 睾丸 19. 精索 20. 阴茎缩肌 21. 包皮肌 22. 包皮 23. 脑 24. 脊髓

（一）呼吸道

呼吸道为气体进出肺的管道，包括鼻、咽、喉、气管和支气管。

1. 鼻

鼻既是气体出入的通道，又是嗅觉器官，对发声也有辅助作用。包括外鼻、鼻腔和鼻旁窦（表 11–1）。鼻腔是呼吸道的起始部，呈圆筒状，以头部骨骼和软骨为基础，外覆皮肤，内衬黏膜。前方以鼻孔通外界，后方经鼻后孔通咽腔，腹侧以硬腭与口腔相隔，正中由鼻中隔分为左、右互不相通的两个腔（黄牛除外）。每侧鼻腔可分为鼻孔、鼻前庭和固有鼻腔 3 部分。

表 11–1　鼻的形态构造

鼻	外　鼻	鼻根、鼻背、鼻侧部、鼻尖
	鼻　腔	鼻孔、鼻前庭、固有鼻腔
	鼻旁窦	额窦、上颌窦、蝶腭窦、筛窦

（1）鼻孔　为鼻腔的入口。牛鼻孔小，呈不规则的椭圆形，鼻翼厚而不灵活。马鼻孔大，呈逗点状，可分为真鼻孔和伪鼻孔，伪鼻孔向后通鼻憩室（鼻盲囊）；鼻翼灵活。猪鼻孔小，呈卵圆形，位于吻突上。

（2）鼻前庭　为鼻腔前部被覆皮肤的部分，相当于内、外侧鼻翼所围绕的空间。牛鼻泪管开口于鼻前庭侧壁，马鼻泪管开口于鼻前庭底壁皮肤与鼻黏膜交界处，猪鼻泪管开口于下鼻甲的后端附近外侧面。马鼻前庭背侧有鼻憩室。

（3）固有鼻腔　位于鼻前庭之后，由骨性鼻腔覆以黏膜构成。在每侧鼻腔外侧壁有上、下鼻甲将鼻腔分为上、中、下 3 个鼻道，上、下鼻甲与鼻中隔之间形成总鼻道。上鼻道通鼻黏膜嗅区，中鼻道与鼻旁窦相通，下鼻道以鼻后孔与鼻咽部相通。

鼻黏膜被覆于固有鼻腔内面和鼻甲表面，根据结构和功能，分为呼吸区和嗅区。呼吸区位于前部，占固有鼻腔大部分。黏膜含有丰富的血管和腺体，呈粉红色，具有温暖、湿润和净化吸入的空气的功能。嗅区位于呼吸区之后，黏膜上皮含有嗅细胞，有嗅觉作用。不同种类动物的嗅区黏膜颜色略有差异，牛、马的嗅区黏膜呈浅黄色，猪的呈棕色。

（4）鼻旁窦　又称副鼻窦，为鼻腔周围头骨内的含气空腔，腔的内表面衬以黏膜。包括上颌窦、额窦、蝶腭窦（马）和筛窦等。窦可以减轻头骨重量，温暖和湿润吸入的空气以及对发声起共鸣的作用。

2. 咽

见实验八　牛消化器官（一）。

3. 喉

喉是气体出入肺的通道，是调节空气流量和发声的器官。位于下颌间隙后方，头颈交界处的腹侧。喉由喉软骨、喉黏膜和喉肌等组成（图 11–2）。

（1）喉软骨　包括会厌软骨、甲状软骨、环状软骨和勺状软骨（成对）4 种软骨。

①会厌软骨：位于喉的前部，呈卵圆形，基部较厚，以弹性纤维附于甲状软骨上。其表面覆盖黏膜，合称会厌。会厌在吞咽时关闭喉口，防止食物进入气管。

②甲状软骨：由甲状软骨体和甲状软骨侧板组成，形成喉腔的底壁和大部分侧壁。甲

状软骨体腹侧后部有喉结。

③环状软骨：呈环状，由环状软骨弓和环状软骨板组成，形成喉的背侧壁、后部的侧壁和腹侧壁。

④勺状软骨：1 对，呈角锥形，由尖（角小突）和底组成，形成喉腔背侧壁的前部。底下部有声带突，供声韧带和声带肌附着。

（2）喉腔　喉软骨彼此借关节和韧带连成支架，内衬黏膜围成喉腔。喉腔前方以喉口通咽，后方以喉后腔与气管相通。在喉中部有 1 对声带，是发声器官。左、右声带之间的裂隙为声门裂，其将喉腔分为前部的喉前庭和后部的喉后腔（声门下腔）。

（3）喉肌　属骨骼肌，分为固有肌和外来肌两种。固有肌包括环勺背侧肌、环甲肌、环勺侧肌、甲勺肌和勺横肌等，均起止于喉软骨，可使喉腔扩大或缩小。外来肌包括甲状舌骨肌、舌骨会厌肌和胸骨甲状肌等，牵引喉前、后移动。喉肌的共同作用与吞咽、呼吸和发声等有关。

视频演示

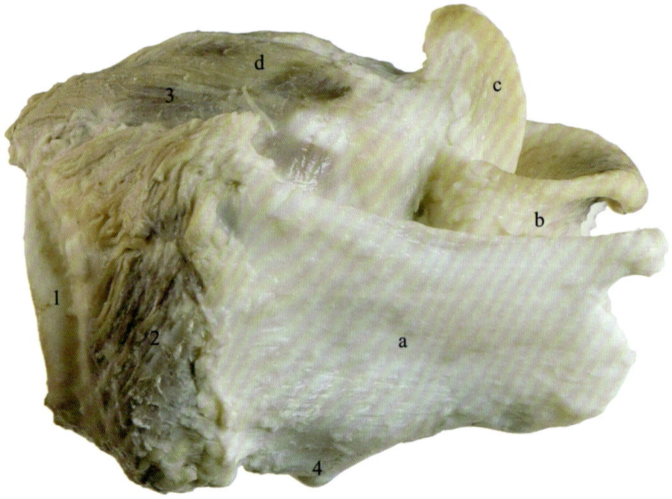

图 11-2　牛喉（固定标本）

a. 甲状软骨　b. 会厌　c. 勺状软骨　d. 环状软骨　1. 气管环　2. 环甲肌　3. 环勺背侧肌　4. 喉结

4. 气管和支气管

气管为一串气管软骨环作支架的圆筒状长管，分为颈段和胸段（图 11-1）。牛气管长约 65 cm，气管环左、右略扁；马气管长 70 ～ 80 cm，气管环背、腹略扁；猪气管长 15 ～ 20 cm，气管环呈圆筒形。气管壁由黏膜、黏膜下组织和外膜组成。外膜的气管软骨环呈 C 形，缺口朝向背侧，两端分开或相叠，缺口以结缔组织和横行的气管肌相连。牛气管软骨环两端在颈中段以后，相互重叠，形成气管嵴。牛和猪气管约在第 3 肋骨相对处，先分出气管支气管进入右肺前叶，然后约在第 5 肋骨相对处形成左、右主支气管分别进入左肺和右肺。气管和支气管是气体进出肺的通道，还具有分泌黏液吸附灰尘和异物，起着净化吸入的空气作用。

（二）气体交换器官

肺是气体交换的器官。

1. 肺的位置和形态构造

（1）位置　肺位于胸腔内，在纵隔两侧，左、右各一，右肺通常大于左肺。

（2）形态构造　肺呈粉红色，海绵状，质轻而柔软，富有弹性。左、右肺均呈锥体形，包括 3 个面（肋面、膈面、内侧面）和 3 个缘（背侧缘、腹侧缘、底缘）（图 11–3 至图 11–5）。肋面与胸腔侧壁相贴；膈面与膈相贴，又称底面；内侧面又称纵隔面，与纵隔接触，有心、食管和大血管的压迹。心压迹后上方有肺门。背侧缘钝而圆，位于肋椎沟内。腹侧缘薄而锐，位于胸外侧壁与胸纵隔之间的沟中，有心切迹。底缘薄而锐，位于胸外侧壁与膈之间的沟中。

（3）体表投影　左肺腹侧缘的心切迹体表投影位于第 3 ～ 6 肋骨之间；右肺心切迹小，体表投影位于第 3 ～ 4 肋间隙。牛肺底缘体表投影相当于从第 12 肋骨上端至第 4 肋间隙下端凸向后下方的弧线。马肺底缘体表投影位于第 10 肋骨与肩关节水平线交叉点、第 14 肋骨与坐骨结节水平线的交叉点、第 16 肋骨与髋结节水平线的交叉点 3 点连成的曲线上。猪肺底缘从第 6 肋的肋骨、肋软骨结合处向后、向上至倒数第 2 肋间隙椎骨端。

（4）肺的分叶　不同家畜的肺分叶不同。牛肺分叶明显，左肺分为前叶（尖叶）、中叶（心叶）和后叶（膈叶），右肺分为前叶（又分前部和后部）、中叶、后叶和副叶（图 11–3）。马肺分叶不明显，左肺分为前叶和后叶，右肺分为前叶、后叶和副叶（图 11–4）。猪肺分叶明显，左肺分为前叶、中叶和后叶，右肺分为前叶、中叶、后叶和副叶（图 11–5）。

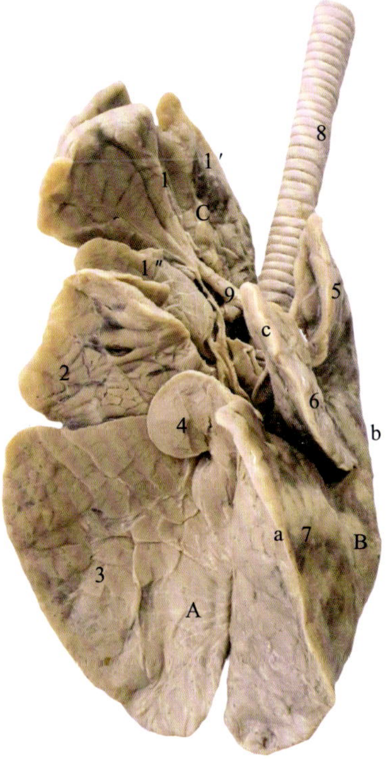

图 11–3　牛肺腹面观（塑化标本）

A. 膈面　B. 肋面　C. 内侧面　a. 底缘　b. 背侧缘
c. 腹侧缘　1. 右肺前叶　1′. 前部　1″. 后部
2 右肺中叶　3. 右肺后叶　4. 右肺副叶
5. 左肺前叶　6. 左肺中叶　7. 左肺后叶
8. 气管　9. 气管支气管

视频演示

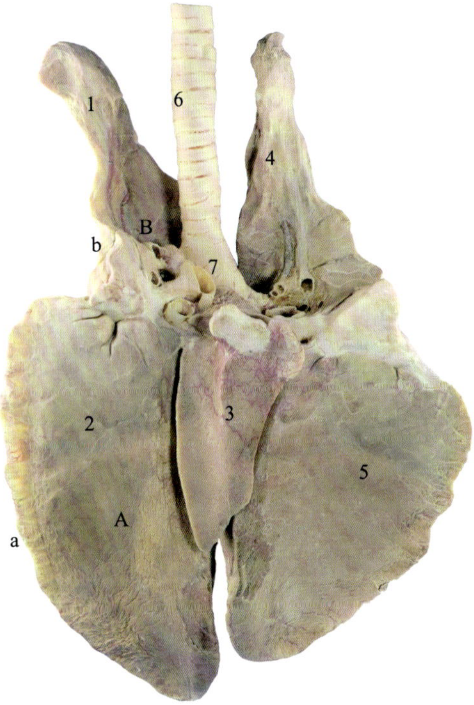

图 11–4　马肺腹面观（塑化标本）

A. 膈面　B. 内侧面　a. 底缘　b. 腹侧缘
1. 右肺前叶　2. 右肺后叶　3. 右肺副叶
4. 左肺前叶　5. 左肺后叶
6. 气管　7. 肺门

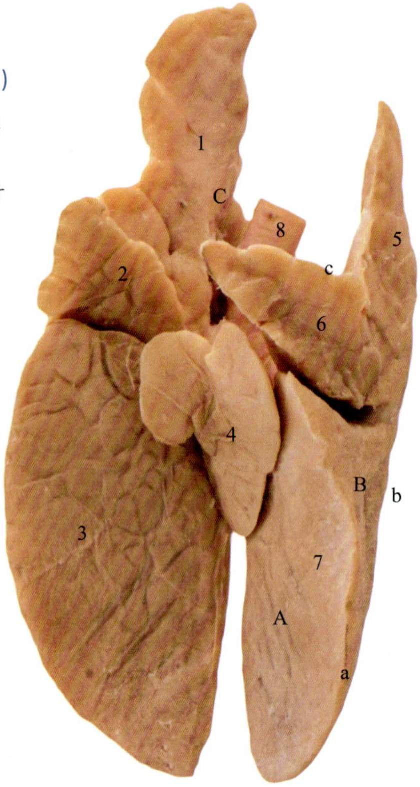

图 11-5 猪肺腹面观（塑化标本）

A. 膈面 B. 肋面 C. 内侧面 a. 底缘 b. 背侧缘 c. 腹侧缘 1. 右肺前叶 2. 右肺中叶 3. 右肺后叶 4. 右肺副叶 5. 左肺前叶 6. 左肺中叶 7. 左肺后叶 8. 气管

视频演示

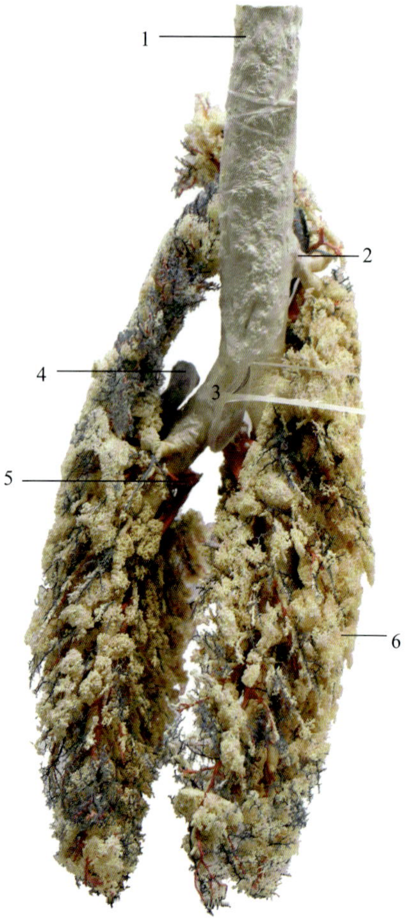

图 11-6 牛肺铸型标本

1. 气管 2. 气管支气管 3. 主支气管 4. 肺动脉 5. 肺静脉 6. 肺实质

2. 肺的结构和功能

肺由被膜和实质组成（表 11-2、图 11-3、图 11-6）。被膜为肺表面的一层浆膜，称肺胸膜，其结缔组织伸入肺的实质内，将肺分为一些肺段和许多肺小叶。肺实质由导管部和呼吸部组成。导管部为支气管进入肺后的树枝状反复分支，是气体在肺内流通的管道。呼吸部是终末细支气管的逐级分支，与血液进行气体交换即肺呼吸。

表 11-2 肺的结构

- 肺
  - 被膜：一层浆膜，又称肺胸膜
  - 实质
    - 导管部：支气管、肺叶支气管、肺段支气管、细支气管、终末细支气管
    - 呼吸部：呼吸性细支气管、肺泡管、肺泡囊、肺泡

3. 肺的血管

肺的血管包括功能性血管和营养性血管两类。功能性血管为完成气体交换的血管，包括肺动脉、

肺静脉、肺泡毛细血管，毛细血管网包绕着肺泡进行气体交换。营养性血管包括支气管动脉、毛细血管和支气管静脉。支气管动脉由主动脉分出，入肺后沿着支气管树延伸，沿途分支形成毛细血管网，营养各级支气管、肺动脉、肺静脉、小叶间结缔组织和肺胸膜等。

【思考题】

1. 结合功能说明呼吸器官的组成。
2. 比较牛、马、猪的肺在形态构造上有何不同。
3. 分析如何做出牛肺的叩诊区。

【作业】

请手绘牛肺的形态构造，并注释。

实验十二 泌尿器官

【教学目标】

掌握牛、马、猪的泌尿器官的形态构造和位置。

一、实验教具

牛、马、猪的完整泌尿生殖系统标本和肾标本。

二、实验内容

泌尿器官是畜体重要的排泄系统，包括肾、输尿管、膀胱和尿道。

（一）肾

肾是生成尿液的器官。

1. 位置

家畜的肾主要位于腹腔上部，腰椎腹侧。牛左、右肾不对称，右肾位于第 12 肋间隙至第 2 ～ 3 腰椎横突腹侧；成年牛左肾位置不固定，一般位于第 2 ～ 5 腰椎左侧横突近椎体的腹侧；当瘤胃充满时，左肾可移至右肾的后下方。初生牛犊由于瘤胃发育不全，左、右肾位置近于对称。马左、右肾不对称，右肾位于第 17 ～ 18 肋骨椎骨端至第 1 腰椎横突腹侧，左肾位于最后肋骨椎骨端至第 1、第 2 腰椎横突腹侧。猪左、右肾对称，位于前 4 枚腰椎横突腹侧。

2. 形态构造

肾呈红褐色，不同家畜肾的形态有差异（图 12–1 至图 12–3）。牛的右肾呈长椭圆形，左肾呈三棱形，属于有沟多乳头肾，肾表面有 16 ～ 22 大小不等的肾叶。马的右肾呈上、下压扁的圆角等边三角形，左肾呈扁的蚕豆形，属于平滑单乳头肾。猪左、右肾呈豆形，属于平滑多乳头肾。肾内侧缘中部有肾门，肾门向内有容纳肾盏和肾盂的肾窦。

3. 结构和功能

肾由被膜和实质组成。被膜即纤维囊，营养较好的动物纤维囊外周会形成脂肪囊。牛肾实质由若干个肾叶组成，每个肾叶包括外部的皮质和内部的髓质。皮质新鲜时呈棕红色，由肾小体和大部分肾小管构成。肾小体由肾小球和肾小囊组成。肾髓质色较淡，由若干个肾锥体组成，含有小部分肾小管（髓袢）、集合管和乳头管。肾锥体的尖端钝圆，形成肾乳头，内有许多乳头管。从乳头管排出的终尿，进入肾小盏中，多个肾小盏汇聚形成 2 条集收管（肾大盏），最后尿液通过输尿管出肾门（图 12–4）。牛肾无明显的肾盂。马肾肾盂呈漏斗状，中部稍宽，在前、后端形成肾盂隐窝。马肾乳头融合形成肾嵴，乳头管由肾嵴直接开口于肾盂或在肾的两端开口于肾盂隐窝，肾盂接输尿管。猪肾肾乳头接肾小盏，肾小盏汇入两个肾大盏，肾大盏注入肾盂，肾盂接输尿管。肾的主要功能是生成尿液，同时还具有调节体内电解质和酸碱平衡、稳定动脉血压等功能。

（二）输尿管

输尿管为把肾脏生成的尿液输送到膀胱的细长管道，左、右各 1 条。输尿管移行路径为：从肾门出肾后，沿着腹腔顶壁向后延伸，越过髂外动脉和髂内动脉进入骨盆腔，在尿生殖褶中（雄性动物）或沿子宫阔韧带的背侧缘（雌性动物）继续向后延伸，最后穿入膀胱颈背侧壁向后延伸 3 ～ 5 cm，开口于膀胱。牛的左侧输尿管起初靠右侧，之后逐渐移向左侧，向后通入膀胱。猪的输尿管在形态上比较特殊，起始部较粗，向后逐渐变细，连于膀胱处最细。

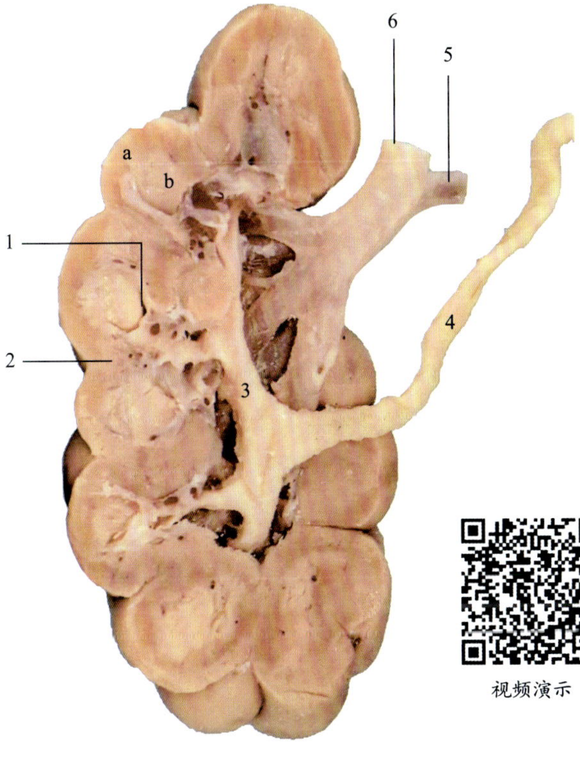

视频演示

图 12–1　牛右肾切面观（塑化标本）

a. 肾皮质　b. 肾髓质（肾锥体）
1. 肾乳头　2. 肾柱　3. 肾大盏
4. 输尿管　5. 肾动脉
6. 肾静脉

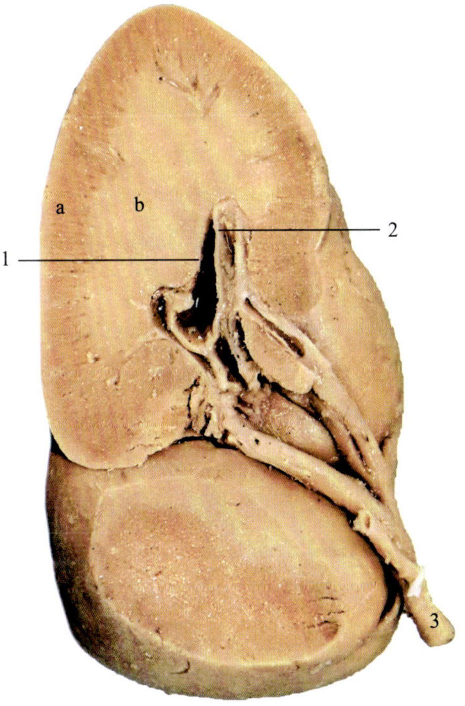

图 12–2　马左肾切面观（塑化标本）

a. 肾皮质　b. 肾髓质
1. 肾嵴　2. 肾盂隐窝
3. 输尿管

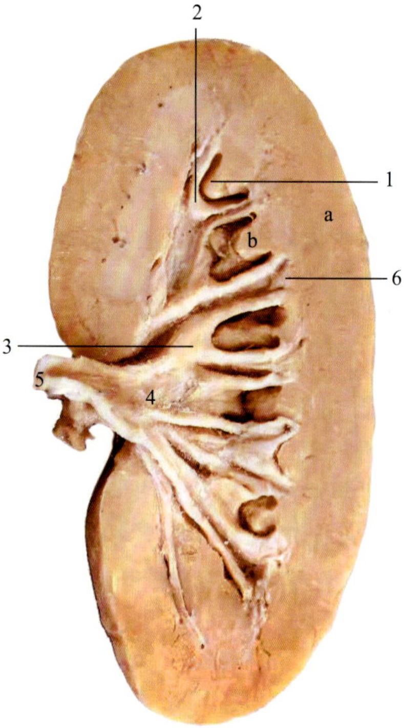

图 12-3 猪肾切面观（塑化标本）

a. 肾皮质 b. 肾髓质（肾锥体）
1. 肾乳头 2. 肾小盏 3. 肾大盏
4. 肾盂 5. 输尿管 6. 肾柱

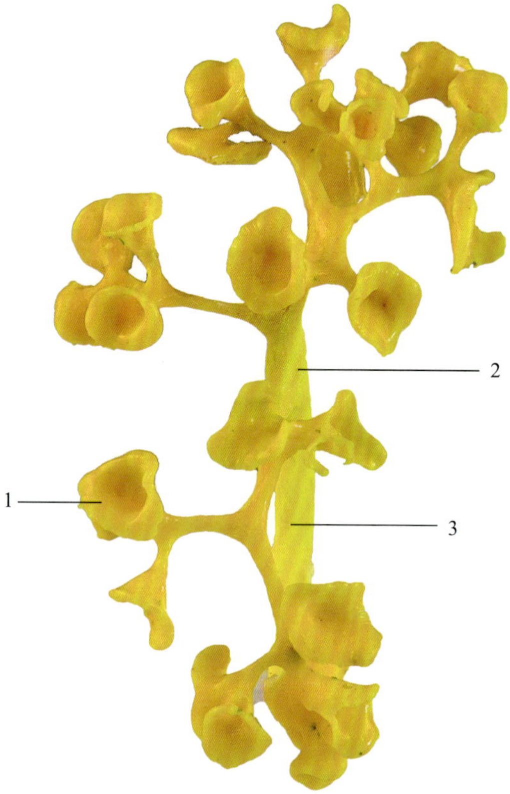

图 12-4 牛肾铸型标本

1. 肾小盏 2. 肾大盏 3. 输尿管

（三）膀胱

膀胱为尿液临时贮存的器官。

1. 位置

膀胱位置会发生变化，尿少时，位于骨盆腔前部；尿满时，伸入腹腔。膀胱两侧以膀胱侧韧带附着于骨盆腔侧壁上，腹侧以正中韧带连于骨盆底。公畜的膀胱背侧为直肠、尿生殖褶、输精管末端、精囊腺，母畜的膀胱背侧为子宫和阴道。

2. 形态构造

膀胱略呈梨形，可分为膀胱顶、膀胱体和膀胱颈 3 部分。输尿管开口于膀胱颈背侧的黏膜，从输尿管口向后延伸形成输尿管间襞，两输尿管间襞在尿道起始部合并形成尿道嵴。膀胱颈向后以尿道内口与尿道相通。两个输尿管口和尿道内口之间的膀胱背侧黏膜区域为膀胱三角。

3. 结构

膀胱壁从内向外由黏膜、肌层和外膜 3 层结构组成。其中黏膜上皮为变移上皮，当膀胱空虚时，黏膜形成许多皱褶。

（四）尿道

尿道是尿液从膀胱向外排出的管道，以尿道内口接膀胱颈，尿道外口通体外。公畜和母畜尿道长度差别较大。公畜尿道又称尿生殖道，较长，分为尿生殖道盆部和尿生殖道阴茎部。尿生殖道盆部位于骨盆腔内，其绕过坐骨弓转到阴茎腹侧延伸为尿生殖道阴茎部。母畜的尿道短，以尿道外口开口于阴道前庭的腹侧、阴瓣的后方。母牛尿道外口腹侧有尿道下憩室。

【思考题】

1. 比较牛、马、猪肾的形态构造和位置。

2. 目前已实现将猪肾成功移植到人体并发挥作用，请分析猪肾与人肾之间的解剖学结构特点，讨论实现异种脏器移植用到的关键技术。

【作业】

请手绘牛泌尿系统的组成，并注释。

实验十三 雄性生殖器官

【教学目标】

1. 掌握公牛生殖器官的组成及各器官的形态构造和位置。
2. 了解公马、公猪生殖器官的形态构造特征。

一、实验教具

牛、马、猪的雄性泌尿生殖系统标本。

二、实验内容

雄性生殖器官由生殖腺、生殖管、副性腺、交配器官和阴囊等组成（图 13–1 至图 13–3）。

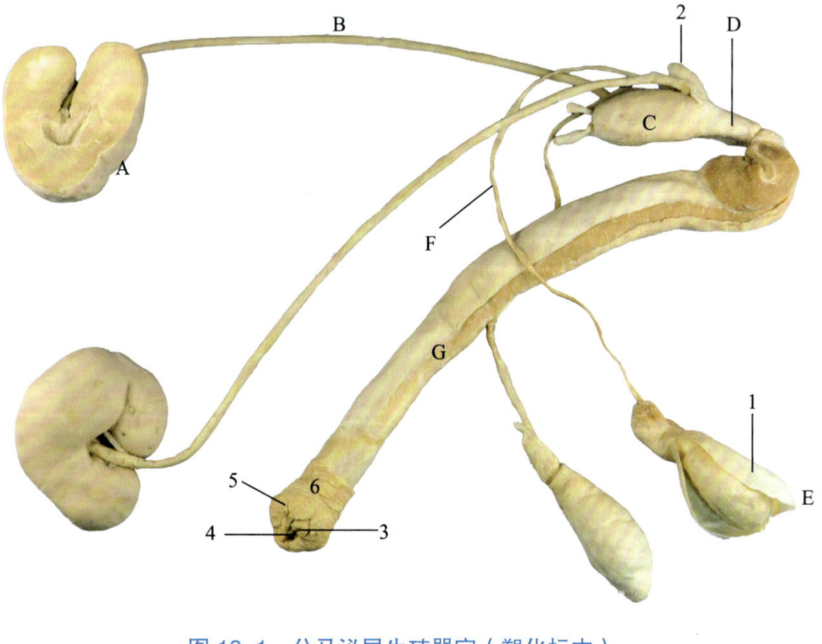

视频演示

图 13–1　公马泌尿生殖器官（塑化标本）

A. 肾　B. 输尿管　C. 膀胱　D. 尿生殖道盆部　E. 睾丸　F. 输精管　G. 阴茎
1. 固有鞘膜　2. 精囊腺　3. 尿道突　4. 阴茎头窝　5. 阴茎头冠　6. 阴茎头颈

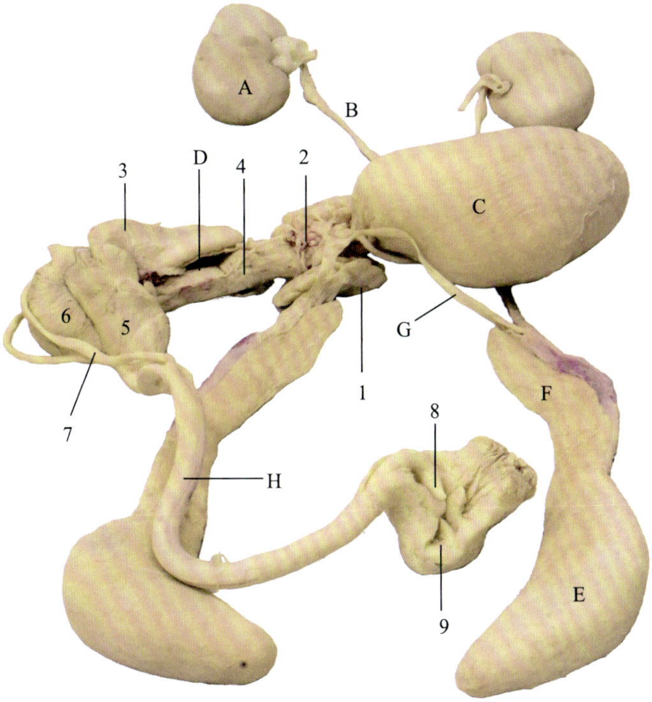

视频演示

图 13-2 公猪泌尿生殖器官（塑化标本）

A. 肾 B. 输尿管 C. 膀胱 D. 尿生殖道盆部 E. 睾丸 F. 精索 G. 输精管 H. 阴茎 1. 精囊腺 2. 前列腺 3. 尿道球腺 4. 尿道肌 5. 坐骨海绵体肌 6. 球海绵体肌 7. 阴茎缩肌 8. 阴茎头 9. 包皮

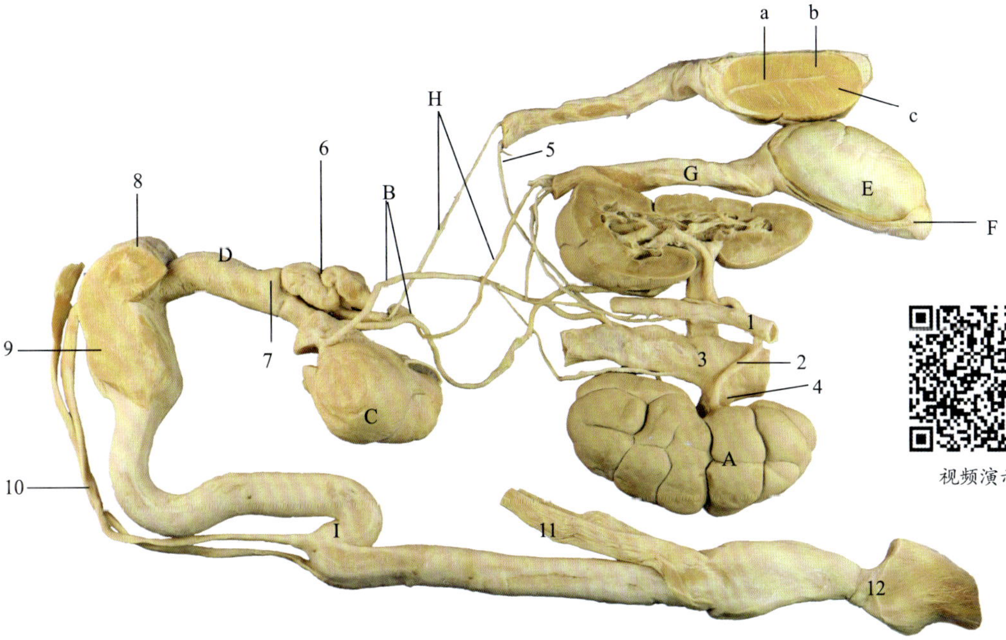

视频演示

图 13-3 公牛泌尿生殖器官（塑化标本）

A. 肾 B. 输尿管 C. 膀胱 D. 尿生殖道盆部 E. 睾丸 F. 附睾 G. 精索 H. 输精管 I. 阴茎 a. 睾丸纵隔 b. 睾丸小隔 c. 睾丸小叶 1. 腹主动脉 2. 肾动脉 3. 后腔静脉 4. 肾静脉 5. 睾丸动脉 6. 精囊腺 7. 前列腺 8. 球海绵体肌 9. 坐骨海绵体肌 10. 阴茎缩肌 11. 包皮肌 12. 包皮

（一）睾丸

睾丸是公畜的生殖腺。

1. 位置

睾丸位于阴囊内。在胚胎时期，睾丸位于腹腔内，肾附近。出生前后，睾丸和附睾一起经腹股沟管下降至阴囊中。

2. 形态构造

睾丸成对，一般呈椭圆形，包括两缘（附睾缘、游离缘）和两端（睾丸头、睾丸尾）。牛睾丸长轴与身体长轴垂直，马睾丸长轴与身体长轴平行，猪睾丸长轴则与身体长轴倾斜。

3. 结构和功能

睾丸由间质和实质组成（表 13–1）。有 1 层固有鞘膜覆盖在睾丸的表面，鞘膜深层为白膜。白膜伸入实质形成睾丸纵隔，睾丸纵隔发出放射状排列的睾丸小隔，将实质分隔成许多睾丸小叶。睾丸小叶由精小管（精曲小管、精直小管）和间质组织组成。精曲小管在睾丸移行过程中形成不同的形态，依次为：精曲小管→精直小管→睾丸网→睾丸输出管（6 ～ 12 条）。睾丸中的精曲小管产生精子，间质组织的间质细胞分泌雄性激素。

表 13–1　睾丸的结构

- 睾丸
  - 间质
    - 固有鞘膜
    - 白膜→睾丸纵隔→睾丸小隔
  - 实质　睾丸小叶：精曲小管、精直小管、间质组织

（二）生殖管

公畜生殖管包括附睾、输精管和尿生殖道。

1. 附睾

附睾位于睾丸的附睾缘，分为附睾头、附睾体和附睾尾 3 部分。附睾头由睾丸输出管组成，后者汇聚形成 1 条附睾管，沿附睾缘盘曲向下延伸，构成附睾体和附睾尾。在附睾尾，附睾管末端管径增大，移行为输精管向上延伸。附睾具有贮存、转运、浓缩和成熟精子等功能。

2. 输精管

输精管为精子运输的管道，移行路径为：起于附睾尾→沿附睾体向上延伸→进入精索→经腹股沟管入腹腔→继续向后上方移行进入骨盆腔→与精囊腺管共同开口于尿道盆部起始部背侧壁的精阜。牛和马的精囊腺管与输精管末端形成射精管。牛和马的输精管末段有膨大的输精管壶腹，其黏膜内有壶腹腺。猪输精管壶腹不明显。

3. 精索

精索呈扁圆锥形索状，基部附着于睾丸和附睾，在腹股沟管内向腹腔行走，上端达腹股沟管内口。其由进出睾丸的睾丸动脉、静脉、淋巴管、神经、提睾肌和输精管组成，外包固有鞘膜。

4. 尿生殖道（雄性尿道）

（1）形态构造和移行路径　尿生殖道为起自膀胱颈，通至尿道外口的管状结构，分为尿生殖道盆部和尿生殖道阴茎部。尿生殖道盆部为膀胱颈至坐骨弓间的一段，位于骨盆内，末端管腔变细形成尿道峡。尿生殖道阴茎部较长，为盆部尿道的直接延续，起自坐骨弓，经左、右阴茎脚之间进入阴茎腹侧的尿道沟内向前延伸，在阴茎头末端形成尿道突，以尿道外口通体外。在尿生殖道盆部，输精管开口于其起始部背侧，精囊腺、前列腺、尿道球腺也有相应的开口，其中牛尿生殖道盆部末端黏膜背侧形成一小盲囊，尿道球腺开口于此。

（2）结构和功能　尿生殖道从内到外由黏膜层、海绵体层（毛细血管扩大部）、肌层和外膜构成。海绵体层在尿道盆部较薄；在尿道峡背侧壁较厚，称阴茎球或尿道球；在阴茎部较发达，称尿道海绵体。肌层由深层的平滑肌和浅层的横纹肌组成。横纹肌在盆部呈环形，称尿道肌；在阴茎部，称球海绵体肌。马的球海绵体肌发达，自坐骨弓至阴茎头全有分布；牛球海绵体肌仅覆盖尿道球及尿道球腺的表面；猪的球海绵体肌发达但较短。尿生殖道具有排尿和输精的作用。

（三）副性腺

副性腺包括精囊腺、前列腺、尿道球腺及输精管壶腹腺。副性腺具有分泌精清的功能。精液由精子和精清组成。精清具有稀释和营养精子、改善阴道环境和增强精子活力等作用。

1. 精囊腺

精囊腺 1 对，位于膀胱颈背侧的尿生殖褶中，输精管壶腹的外侧。牛左、右精囊腺不对称，呈不规则长卵圆形，表面凹凸不平。马精囊腺为 1 对梨形囊状器官。猪精囊腺发达，呈三面锥体形。精囊腺导管单独或与输精管一同开口于精阜，其中牛和马的精囊腺管与输精管合并形成射精管开口于精阜。

2. 前列腺

前列腺位于尿道起始部背侧。牛和猪的前列腺分为体部和扩散部，体部较小，横向位于膀胱颈和尿生殖道起始部背侧。扩散部发达，牛前列腺扩散部环绕于尿生殖道盆部的海绵体层与肌层之间，猪前列腺扩散部占据尿生殖道盆部黏膜与肌层之间的海绵体层。马前列腺分为左叶、右叶和中间的峡部。牛前列腺管多，分两排分别开口于精阜后方两条黏膜褶之间和外侧。马每侧前列腺以 15～20 条小管开口于精阜的外侧。猪前列腺体部开口于精阜外侧，扩散部以许多导管开口于尿生殖道盆部背侧壁黏膜上。

3. 尿道球腺

尿道球腺 1 对，位于尿生殖道盆部末端的背外侧。牛尿道球腺小而结实，略呈球状，外包厚的结缔组织被膜，每个尿道球腺有 1 条腺管，开口于尿生殖道盆部后端背侧的小盲囊。马尿道球腺呈卵圆形，表面被覆尿道肌，每侧腺体有多条导管开口于尿生殖道盆部后端背侧的两列小乳头上。猪尿道球腺发达，呈圆柱形，每侧腺体有 1 条腺管开口于尿生殖道盆部后端背侧半月形黏膜褶所围成的盲囊内。

（四）阴茎

阴茎为公畜的交配器官。

1. 位置

阴茎位于腹壁之下，起自坐骨弓，经左、右股部之间向前延伸至脐部。

2. 形态构造

阴茎可分为阴茎根、阴茎体和阴茎头 3 部分（表 13–2）。牛和猪的阴茎呈圆柱状，长而细，呈乙状弯曲，分别长约 90 cm 和 50 cm。马阴茎呈左、右略扁的圆柱状，粗大、平直，长约 50 cm。牛阴茎头扭转状，前端膨大形成阴茎头冠，头冠右侧的螺旋沟中有尿道突。马阴茎头膨大，后缘或基部形成阴茎头冠，其上有阴茎头窝，窝内有尿道突。猪阴茎头呈螺旋状逆时针扭曲，尿道外口位于其腹外侧，靠近尖端。

表 13–2　阴茎的形态构造

阴茎形态构造	阴茎根	左、右阴茎脚组成
	阴茎体	左、右阴茎脚合并尿生殖道阴茎部组成
	阴茎头	阴茎前端的游离部

3. 结构

阴茎主要由白膜、阴茎海绵体、尿生殖道阴茎部和阴茎肌等构成（表 13–3）。牛和猪阴茎海绵体不丰富，结缔组织发达，勃起时变硬，体积增大不多。马阴茎海绵体丰富，结缔组织不发达，勃起时阴茎体积明显增大。尿生殖道阴茎部的尿道海绵体有较发达的海绵体腔。阴茎平时柔软，隐藏在包皮内；交配时，伸长变粗变硬。

表 13–3　阴茎的结构

阴茎结构	白膜	包围在阴茎海绵体和尿生殖道阴茎部，形成小梁	
	阴茎海绵体	位于背侧，形成海绵腔，为勃起组织	
	尿生殖道阴茎部	位于阴茎海绵体腹侧的尿道沟内	
	阴茎肌	球海绵体肌	尿生殖道阴茎部浅层横纹肌
		坐骨海绵体肌	较发达，起于坐骨结节，止于阴茎脚，为勃起肌
		阴茎缩肌	起于前两个尾椎腹侧，止于阴茎头（马）或乙状弯曲（牛、猪），退缩阴茎

4. 包皮

包皮为垂于腹底壁皮肤折转而形成的管状鞘，具有容纳、保护阴茎头和配合交配的作用。牛包皮长而窄，包皮口周围有一簇长毛，有 2 对较发达的包皮肌。马包皮有 2 层，分别为内包皮和外包皮，形成包皮褶和包皮环。猪包皮口狭窄，周围有硬毛；包皮腔长，前宽后窄，在前部背侧有包皮憩室。

（五）阴囊

阴囊相当于腹腔的突出部，借助腹股沟管与腹腔相通，内有睾丸、附睾和部分精索。

1. 位置和形态构造

牛和马阴囊位于两股之间，猪阴囊位于股后方、肛门腹侧。阴囊为呈袋状的腹壁囊，包括阴囊颈和阴囊底两部分（牛明显）。阴囊缝将阴囊从外表分为左、右两部分。

2. 结构

阴囊壁的结构与腹壁相似，由皮肤、肉膜、精索外筋膜、提睾肌、精索内筋膜和鞘膜（包括壁层、脏层）构成。精索内筋膜和鞘膜的壁层共同形成总鞘膜。总鞘膜与固有鞘膜（鞘膜脏层）之间形成鞘膜腔，鞘膜腔上端为鞘膜管，鞘膜管通过腹股沟管以鞘膜管口或鞘膜环与腹腔相通。阴囊后壁与固有鞘膜之间形成睾丸系膜。睾丸系膜下端增厚形成附睾尾韧带或阴囊韧带，将总鞘膜与附睾尾相连。

3. 功能

阴囊具有保护睾丸、附睾等功能，调节其里面的温度略低于体腔内的温度，有利于精子的生成、发育和活动。

【思考题】

1. 比较牛、马、猪的雄性生殖器官的形态构造和位置特点。
2. 分析公猪去势的方法。

【作业】

请手绘公牛生殖系统的组成，并注释。

实验十四 雌性生殖器官

【教学目标】

1. 掌握母牛生殖器官的组成及各器官的形态构造和位置。
2. 了解母马、母猪生殖器官的形态构造特征。

一、实验教具

标本：牛、马、猪的雌性泌尿生殖器官标本。

二、实验内容

雌性生殖器官由生殖腺、生殖管、交配器官及产道等组成（图 14–1 至图 14–3）。

（一）卵巢

卵巢为母畜的生殖腺。

1. 位置

卵巢通过卵巢系膜悬吊在腹腔的腰区或骨盆腔前口。家畜卵巢的位置会随着个体发育的过程中出现卵巢下降，反刍动物比较明显。未产母牛的卵巢位于骨盆腔内，经产母牛的卵巢位于耻骨前缘的前下方。马左侧卵巢位于第 4 ～ 5 腰椎横突下方，右侧卵巢位于第 3 ～ 4 腰椎横突下方。4 月龄以前性未成熟的小母猪，卵巢位于荐骨岬两侧稍后方，腰小肌附近；5 ～ 6 月龄接近性成熟的小母猪，卵巢位于髋结节前缘横切面的腰下部；性成熟及经产母猪的卵巢位于髋结节与膝关节连线中点的水平面上。

2. 形态构造

卵巢 1 对，不同家畜的卵巢形态不同。牛卵巢呈扁椭圆形，长约 4 cm，厚约 1 cm，宽约 2 cm，右侧常较大。马卵巢呈蚕豆形，表面光滑，长约 7.5 cm，厚约 2.5 cm。性成熟前的小母猪，卵巢较小，呈卵圆形，表面光滑；接近性成熟母猪的卵巢表面有突出的卵泡，似桑葚状，长约 2 cm，厚约 1.5 cm ；性成熟及经产母猪的卵巢表面有卵泡、黄体突出，呈不规则的结节状或葡萄状，长约 5 cm。卵巢包括两端（输卵管端、子宫端）和两缘（卵巢系膜缘、游离缘）。输卵管端接输卵管伞，子宫端以卵巢固有韧带与子宫角相连。在卵巢系膜缘有卵巢门，马属动物卵巢游离缘形成凹陷的排卵窝。卵巢固有韧带与输卵管系膜之间形成

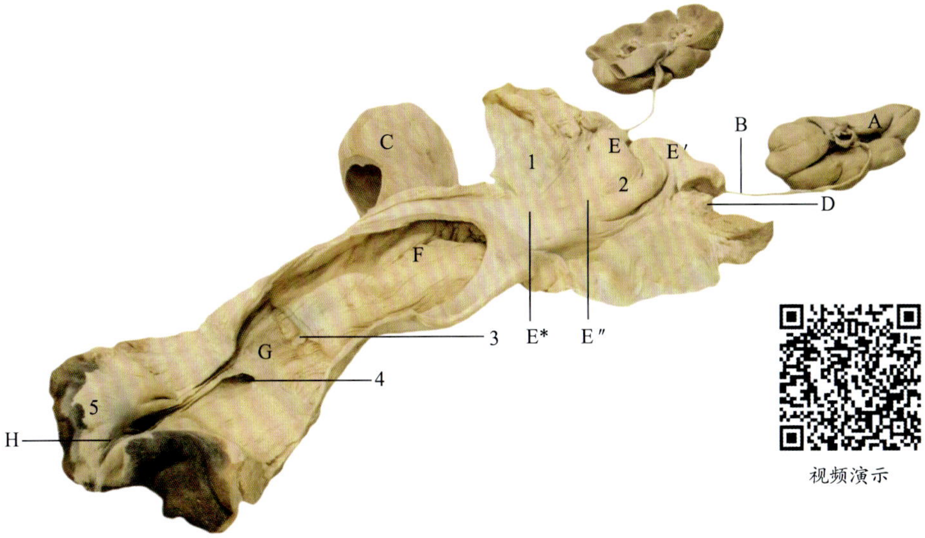

视频演示

图 14–1　母牛泌尿生殖器官（塑化标本）

A. 肾　B. 输尿管　C. 膀胱　D. 卵巢（卵巢囊包裹）E. 子宫
E′. 子宫角　E″. 子宫体　E*. 子宫颈　F. 阴道
G. 阴道前庭　H. 阴门　1. 子宫阔韧带　2. 伪体
3. 阴瓣　4. 尿道外口　5. 阴唇

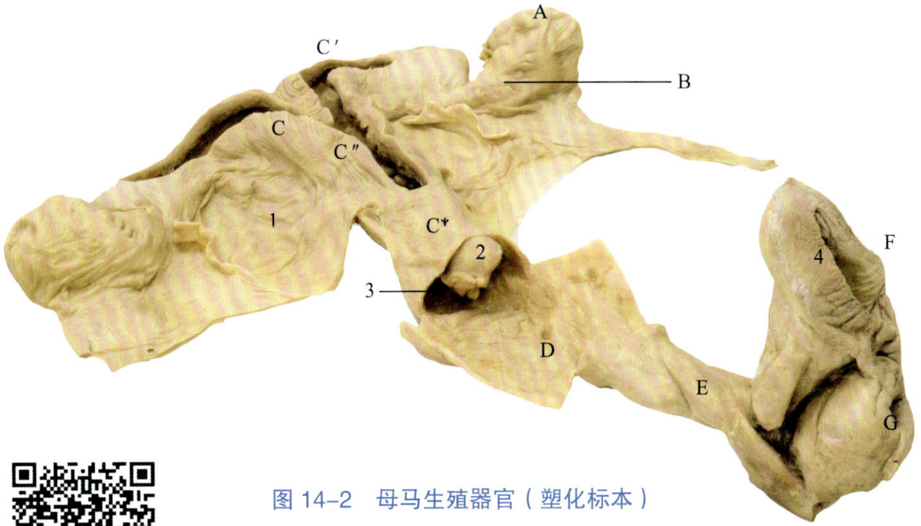

视频演示

图 14–2　母马生殖器官（塑化标本）

A. 卵巢（卵巢囊包裹）B. 输卵管（输卵管系膜包围）
C. 子宫　C′. 子宫角　C″. 子宫体　C*. 子宫颈
D. 阴道　E 阴道前庭　F. 阴门　G. 肛门
1. 子宫阔韧带　2. 子宫颈阴道部
3. 阴道穹窿　4. 阴唇

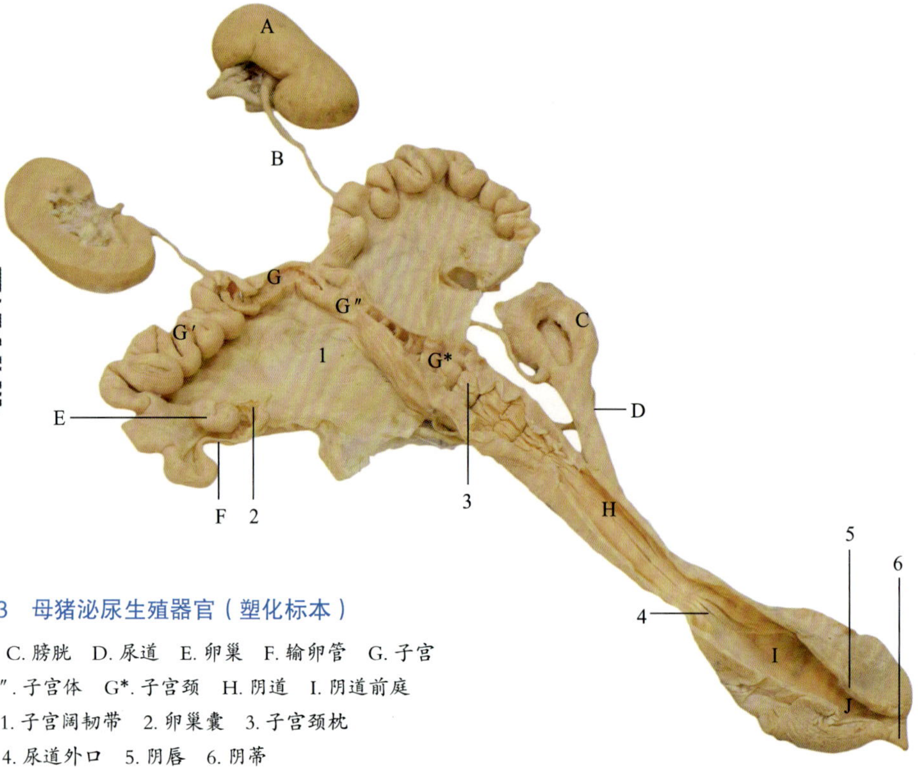

视频演示

图 14–3　母猪泌尿生殖器官（塑化标本）

A. 肾　B. 输尿管　C. 膀胱　D. 尿道　E. 卵巢　F. 输卵管　G. 子宫　G′. 子宫角　G″. 子宫体　G*. 子宫颈　H. 阴道　I. 阴道前庭　J. 阴门　1. 子宫阔韧带　2. 卵巢囊　3. 子宫颈枕　4. 尿道外口　5. 阴唇　6. 阴蒂

卵巢囊，将卵巢包裹。牛、猪的成熟卵泡破裂时，卵细胞直接从卵巢表面排出；马成熟卵泡仅从排卵窝排出卵细胞。

3. 结构和功能

卵巢由被膜、皮质和髓质组成。被膜包括浅层的生殖上皮（马仅分布于排卵窝，其余部分由浆膜代替）和内层的白膜。皮质是由各级卵泡、黄体和结缔组织组成。髓质由含有血管、淋巴管、神经和平滑肌的结缔组织组成。卵巢一般皮质在外，髓质在内，而马属动物的皮质和髓质位置倒置。卵巢的主要功能是产生卵细胞（卵子）和分泌雌性激素。在妊娠期，卵巢的黄体分泌孕酮。

（二）生殖管

母畜生殖管包括输卵管和子宫。

1. 输卵管

输卵管是 1 对位于卵巢与子宫角之间细长而弯曲的管道，可分为漏斗部、壶腹部和峡部 3 部分（表 14–1），主要功能是输送卵子和为卵子提供受精的场所。

表 14–1　输卵管的形态构造

输卵管	漏斗部	起始段，膨大似漏斗，形成输卵管伞，有输卵管腹腔口通腹腔
	壶腹部	中间段，长、粗而弯曲，为卵子受精的部位
	峡　部	末段，短、细而直，有输卵管子宫口通子宫角

2. 子宫

（1）位置　子宫以子宫阔韧带悬于腰下，大部分位于腹腔后部，小部分位于骨盆腔，背侧为直肠，腹侧为膀胱。

（2）形态构造　子宫可分为子宫角、子宫体和子宫颈 3 部分。牛子宫角较长，为 15～20 cm，呈绵羊角状，后部形成伪体；子宫体短，仅为 3～4 cm；子宫颈呈圆筒状，长 6～10 cm，内腔狭小，为子宫颈管。子宫颈管前端以子宫颈内口与子宫体相通，后端以子宫颈外口通阴道，牛子宫颈有突向阴道的子宫颈阴道部。

马子宫角长约 25 cm，呈山羊角状；子宫体长约 20 cm；子宫颈长 5～7.5 cm，子宫颈阴道部明显，呈现花冠黏膜褶。猪的子宫角特别长，达 1.2～1.5 m，弯曲如小肠袢；子宫体短，长约 5 cm；子宫颈较长，为 15～25 cm。猪子宫颈不形成子宫颈阴道部。

（3）结构和功能　子宫壁由黏膜、肌层和浆膜构成。在牛的子宫角和子宫体黏膜形成纵褶和横褶，并有特殊的子宫阜（马和猪无子宫阜）；子宫颈黏膜形成纵褶，平时紧闭，不易开张。在猪的子宫颈黏膜形成半球状的子宫颈枕。肌层由强厚的内环肌和较薄的外纵肌组成，在妊娠时增生，分娩时强烈收缩，对分娩有重要作用。浆膜即子宫外膜，被覆于子宫表面。在子宫角背侧和子宫体两侧有发达的子宫阔韧带，内有卵巢子宫动脉、子宫中动脉和子宫后动脉等血管通过，可作为直肠检查妊娠时触诊血管。在子宫阔韧带的外侧面有发达的子宫圆韧带。子宫主要功能是为胚胎生长发育提供适宜的场所和直接参与胎儿的分娩。

（三）交配器官及产道

阴道、阴道前庭和阴门是母畜的交配器官，也是产道。

1. 阴道

阴道呈扁管状，位于骨盆腔内，子宫后方，向后连接阴道前庭，背侧为直肠，腹侧为膀胱和尿道。牛阴道长 20～25 cm，马阴道长 15～20 cm，猪阴道长 10～12 cm。牛和马的子宫颈阴道部在阴道前端形成阴道穹隆。阴道黏膜形成许多纵褶，无腺体。

2. 阴道前庭

阴道前庭又称尿生殖前庭，为左、右压扁的短管，是交配器官和产道，又是尿液排出的通道。位于骨盆腔内，直肠腹侧，前接阴道，后接阴门。在与阴道交界腹侧处有阴瓣，尿道外口开口于阴瓣后方。在牛尿道外口下方，尿道的腹侧有尿道下憩室，给母牛导尿时需要注意。幼龄母马的阴瓣发达，经产老龄母马的阴瓣不明显。母猪的阴瓣呈环形褶。阴道黏膜有前庭小腺和前庭大腺，前庭小腺分布于前庭底壁，前庭大腺分布于前庭侧壁。前庭腺可分泌黏液，在交配和分娩时起着润滑的作用；同时，黏液有特殊气味，可以吸引异性。在马的前庭侧壁上有发达的前庭球。

3. 阴门

阴门为泌尿与生殖器官和外界相通的天然孔，位于肛门下方，由左、右阴唇构成。左、右阴唇之间为阴门裂。两侧阴唇在背侧和腹侧相联合，在阴唇腹侧联合有阴蒂，为公畜阴茎的同源器官。马阴蒂发达；猪的阴蒂细长，突出阴蒂窝的表面。

【思考题】

1. 比较牛、马、猪的雌性生殖器官的形态构造和位置特点。
2. 简述输卵管的分段和功能。
3. 分析母猪去势的方法。

【作业】

请手绘母牛生殖系统的组成，并注释。

实验十五 牛心

【教学目标】

1. 掌握牛心的形态构造、位置和心腔的构造。
2. 掌握牛心传导系的组成、位置和功能。
3. 了解牛心包的构造和心的体表投影。

一、实验教具

标本：心位置标本、心整体标本、心矢状面标本及心传导系标本（模型）。

二、实验内容

心是畜体内推动血液沿血管循环的中空肌质性器官。

（一）心的位置和形态构造

1. 位置

牛心位于胸腔纵隔内，夹于左肺和右肺之间，略偏于正中矢状面的左侧（图 11–1）。心的前、后缘相当于第 2 肋间隙（或第 3 肋骨）至第 5 肋间隙（或第 6 肋骨）之间；心基位于肩关节水平线上；心尖游离，略偏左，约与第 5 肋软骨间隙（或第 6 肋软骨）相对，距离膈 2 ～ 5 cm。

2. 形态构造

牛心呈左、右稍扁的圆锥体，平均重约 2.5 kg，外形有心基、心尖、心室、心房、心耳、两面、两缘和四沟（图 15–1、图 15–2）。两面即左侧面（心耳面）和右侧面（心房面）。两缘即前缘（右心室缘）和后缘（左心室缘）。四沟即冠状沟、圆锥旁室间沟（左纵沟）、窦下室间沟（右纵沟）和中间沟，在这些沟内均有营养心的血管和填充有脂肪，同时圆锥旁室间沟和窦下室间沟可作为左、右心室外表的分界。

（二）心腔的构造

心被房间隔和室间隔分为左心房、左心室、右心房和右心室 4 个腔，同侧心房与心室经房室口相通（图 15–3、图 15–4）。

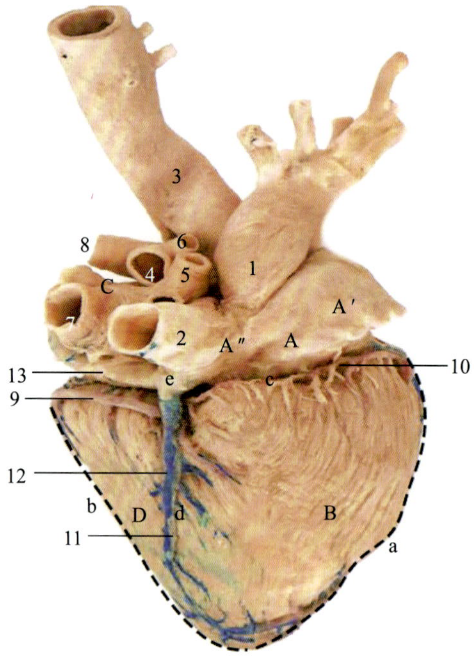

图 15-1　牛心右侧面观（塑化标本）

A. 右心房　A′. 固有心房（右心耳）　A″. 腔静脉窦
B. 右心室　C. 左心房（后部）　D. 左心室　a. 前缘
b. 后缘　c. 冠状沟　d. 窦下室间沟　e. 冠状窦
1. 前腔静脉　2. 后腔静脉　3. 主动脉　4～7. 肺静脉
8. 肺动脉干　9. 左冠状动脉（旋支）
10. 右冠状动脉　11. 窦下室间支
12. 心中静脉　13. 左奇静脉

视频演示

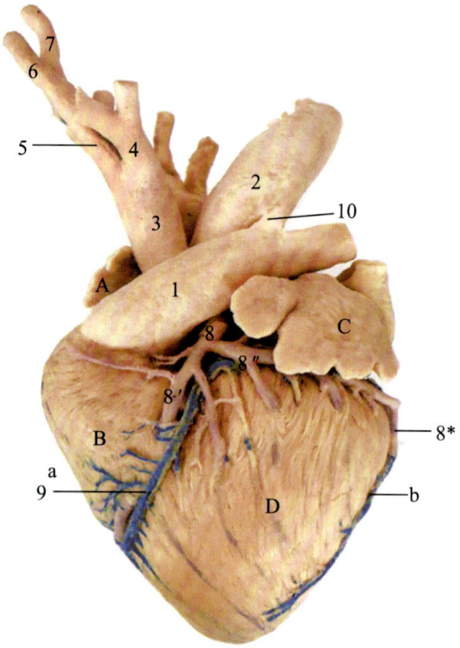

图 15-2　牛心左侧面观（塑化标本）

A. 右心耳　B. 右心室　C. 左心房（左心耳）
D. 左心室　a. 前缘　b. 中间沟　1. 肺动脉干
2. 主动脉　3. 臂头动脉干　4. 左锁骨下动脉
5. 双颈动脉干　6. 左颈总动脉　7. 右颈总动脉
8. 左冠状动脉　8′. 圆锥旁室间支
8″. 旋支　8*. 中间支　9. 心大静脉
10. 动脉韧带

1. 右心房

体循环静脉血经前、后腔静脉回流至右心房。右心房位于心基右前部，可分为腔静脉窦和右心耳（固有心房）两部分，二者以外侧的界沟为界。腔静脉窦为前、后腔静脉入口部。在前、后腔静脉口之间背侧壁有起着分流血液作用的静脉间结节。后腔静脉腹侧有冠状窦，为心大静脉、心中静脉和奇静脉的入口。右心耳呈锥形盲囊，向前绕过主动脉的右前方，心房壁内有梳状肌。血液经右房室口从右心房进入右心室。

2. 右心室

右心室位于右心房腹侧，构成心室的右前部，室尖不达心尖，可分为窦部（流入道）和动脉圆锥（流出道）两部分。窦部为从右房室口至右心室尖的部分，有血液入口即右房室口。动脉圆锥位于窦部的左上方，有血液出口即肺动脉干口。为防止血液倒流，右房室口有垂向心室的右房室瓣（三尖瓣），每片瓣膜游离缘有腱索连于室壁相邻的乳头肌上；肺动脉干口有 3 块袋状的肺动脉瓣（半月瓣）附着，袋口朝向肺动脉干。为防止心室过度扩张，有从心室侧壁横过室腔至室间隔的隔缘肉柱（心横肌）。右心室收缩，可将血液经动脉圆锥泵到肺动脉干，并运输到肺进行气体交换。

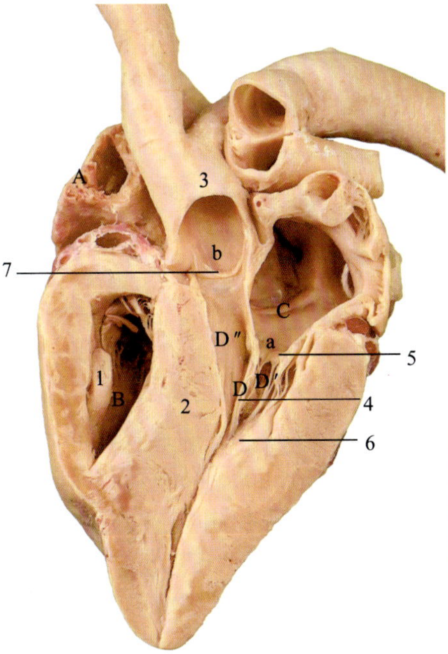

图 15-3　牛心腔矢状面右侧部（塑化标本）

A. 右心房　B. 右心室　C. 左心房　D. 左心室
D′. 流入道（窦部）　D″. 流出道（主动脉前庭）
a. 左房室口　b. 主动脉口
1. 隔缘肉柱切头　2. 室间隔　3. 升主动脉
4. 腱索　5. 二尖瓣　6. 乳头肌
7. 主动脉瓣

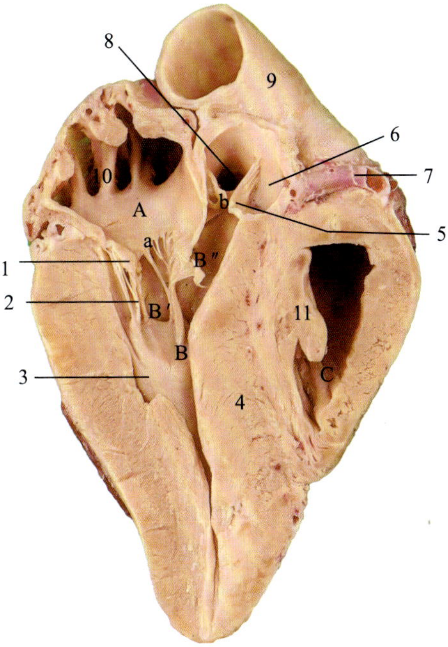

图 15-4　牛心腔矢状面左侧部（塑化标本）

A. 左心房　B. 左心室　B′. 流入道（窦部）
B″. 流出道（主动脉前庭）　C. 右心室
a. 左房室口　b. 主动脉口　1. 二尖瓣　2. 腱索
3. 乳头肌　4. 室间隔　5. 主动脉瓣　6. 右窦
7. 右冠状动脉　8. 左窦　9. 肺动脉　10. 梳状肌
11. 隔缘肉柱切头

视频演示

3. 左心房

经肺气体交换后含有氧气的血液，通过肺静脉注入左心房。左心房分为前、后两部分。前部为左心耳，突向左前方，内腔面也有梳状肌；后部较大，后背侧壁有 6 个肺静脉口。血液经左房室口流入左心室。

4. 左心室

左心室构成心室的左后部，室尖达到心尖，分为窦部（流入道）和主动脉前庭（流出道）两部分。在窦部有血液入口即左房室口，有左房室瓣（二尖瓣）附着；在主动脉前庭有血液的出口即主动脉口，有 3 块袋状的主动脉瓣附着。在主动脉口纤维环内有左、右两块心骨。主动脉瓣与膨大的主动脉管壁形成主动脉窦，其中主动脉左、右窦分别有左、右冠状动脉的开口。左心室收缩，将血液泵入主动脉，并运输至全身各组织进行代谢。

（三）心壁

心壁由心内膜、心肌和心外膜构成（表 15-1）。心室肌较厚，左心室壁最厚，约为右心室壁的 3 倍。

表 15-1　心壁的结构

心壁	心内膜		心腔内面的一层光滑薄膜
	心　肌	心房肌	分为浅、深 2 层
		心室肌	分为浅、中、深 3 层
	心外膜		心包脏层，心表面的浆膜

（四）心的传导系

心的传导系是维持心自动而有节律性搏动的结构，为特殊分化的心肌纤维，由结纤维和浦肯野纤维组成。完整的心传导系包括窦房结、房室结、房室束、脚和浦肯野纤维丛（图 15-5）。窦房结位于界沟处的心外膜下，为心跳的起搏点。房室结位于房间隔右心房面的心内膜下，冠状窦口的前下方，由结细胞构成，与心房肌纤维和房室束相联系。房室束为房室结的直接延续，由浦肯野纤维构成。房室束在室间隔上端分为右束支（右脚）和左束支（左脚）。两支分别沿着室间隔两侧向下，并折转到心室侧壁。两支在移行过程中形成浦肯野纤维丛，与心肌纤维相连。

心兴奋的传导路径为：窦房结产生节律性兴奋，传至心房肌，引起心房收缩，并经心房肌传至房室结，再经干和左、右脚及浦肯野纤维丛传至心室肌，引起心室收缩。

（五）心的血管

心自身的血液循环称冠状循环。其动脉称冠状动脉，静脉称心静脉。

1. 冠状动脉

冠状动脉有左、右冠状动脉两条。左冠状动脉粗大，起于主动脉根部的左窦，经左心耳与肺动脉干之间穿出至冠状沟，分出圆锥旁室间支后延续为旋支。少数个体旋支绕至心右侧，并折转向下移行为窦下室间支。右冠状动脉较细，起于动脉根部的右窦，经右心耳与肺动脉干之间穿出至冠状沟，向窦下室间沟延伸延续为窦下室间支，但部分仅到达冠状窦附近。

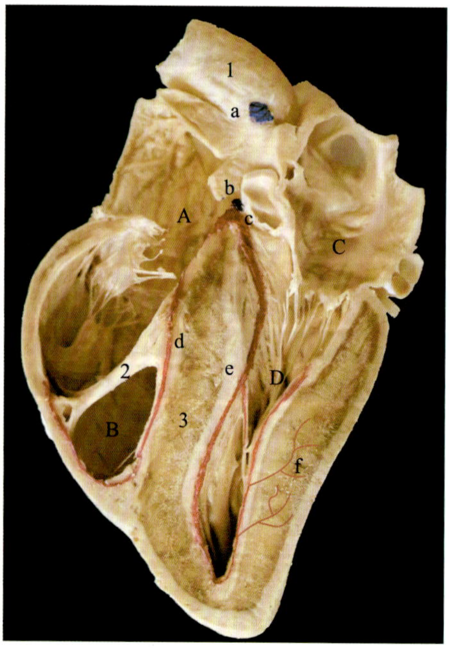

图 15-5　牛心传导系模式图

A. 右心房　B. 右心室　C. 左心房　D. 左心室
a. 窦房结　b. 房室结　c. 房室束　d. 右脚
e. 左脚　f. 浦肯野纤维丛
1. 前腔静脉　2. 隔缘肉柱
3. 室间隔

2. 心静脉

心静脉血通过 3 条路径回心，包括冠状窦、心右静脉和心最小静脉。

（1）冠状窦　主要属支为心大静脉和心中静脉。心大静脉位于圆锥旁室间沟，与圆锥旁室间支伴行；心中静脉位于窦下室间沟，与窦下室间支伴行。

（2）心右静脉　常为数支短小的静脉，从右心室上升，越过冠状沟，直接注入右心房。

（3）心最小静脉　为行于心肌内的小静脉，直接开口于各心腔，或主要开口于右心房梳状肌之间。

（六）心包

心包是包绕心周围的锥体形纤维浆膜囊，分为内、外两层（图 15-6）。外层为纤维心包，内层为浆膜心包。浆膜心包包括壁层和脏层（心外膜）。壁层贴于纤维心包内面，在心大血管根处移行为脏层。壁层与脏层之间形成心包腔，内有心包液。心包有维持心位置和减少与相邻器官间摩擦的功能，并可作为一个屏障使周围感染不致蔓延到心。

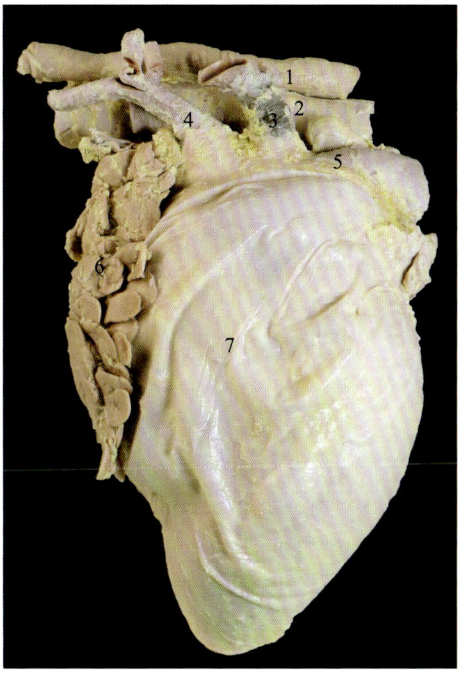

视频演示

图 15-6　猪心包（固定标本）

1. 食管　2. 气管　3. 左锁骨下动脉　4. 臂头动脉干
5. 主动脉弓　6. 胸腺　7. 心包

【思考题】

1. 简述心的外部形态构造和位置。
2. 联系体循环和肺循环，讨论心各腔的构造和功能。
3. 讨论和分析三尖瓣、二尖瓣分别在闭锁不全的情况下，心的临床变化及对血液循环的影响。

【作业】

请手绘牛心左、右侧面观，并注释。

实验十六 牛体循环血管的主干及其分支

【教学目标】

1. 掌握胸主动脉和腹主动脉的脏支及其分布，了解胸主动脉和腹主动脉的壁支。
2. 掌握前、后腔静脉和左奇静脉的组成、行程及收集范围。
3. 掌握肝门静脉的组成及收集范围。

一、实验教具

标本：牛全身血管标本。

二、实验内容

（一）体循环的动脉

牛体循环的动脉主干为主动脉，主动脉行程为：升主动脉→主动脉弓→降主动脉（胸主动脉→腹主动脉）→髂内动脉、髂外动脉、荐中动脉（表 16–1、图 16–1）。

表 16–1　牛主动脉移行及分支分布

- 升主动脉
  - 左冠状动脉　分布于心
  - 右冠状动脉　分布于心
- ↓ 主动脉弓 → 臂头动脉干
  - 左锁骨下动脉　延续为左前肢动脉主干
  - 双颈动脉干　为头颈部动脉主干
  - 右锁骨下动脉　延续为右前肢动脉主干
- ↓ 降主动脉
  - 胸主动脉
    - 壁支　分布于胸壁、部分腹壁、脊髓
    - 脏支　分布于肺、食管、纵隔
  - 腹主动脉
    - 壁支　分布于腹壁、脊髓
    - 脏支　分布于腹腔内消化器官、泌尿器官、生殖器官等
- →
  - 左、右髂内动脉　分布于骨盆壁及盆内器官
  - 荐中动脉→尾中动脉　分布于脊髓、尾部
  - 左、右髂外动脉　为后肢动脉主干

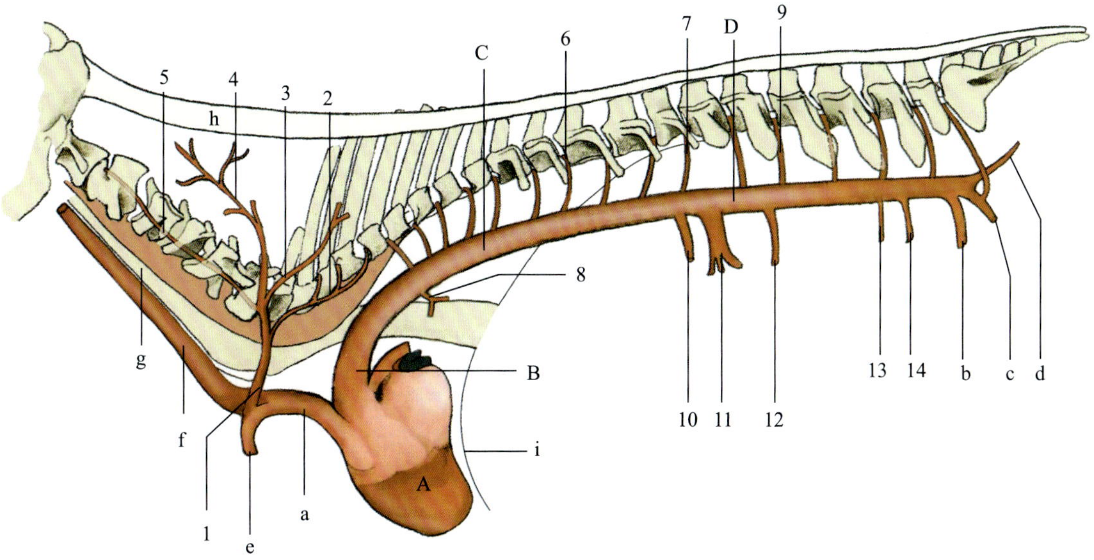

图 16-1　主动脉移行模式图

A. 心　B. 主动脉弓　C. 胸主动脉　D. 腹主动脉　a. 臂头动脉干　b. 髂外动脉　c. 髂内动脉　d. 荐中动脉　e. 左锁骨下动脉　f. 左颈总动脉　g. 食管　h. 项韧带　i. 膈　1. 肋颈干　2. 肋间最上动脉　3. 肩胛背侧动脉　4. 颈深动脉　5. 椎动脉　6. 肋间背侧动脉　7. 肋腹背侧动脉　8. 支气管食管动脉　9. 腰动脉　10. 腹腔动脉　11. 肠系膜前动脉　12. 肾动脉　13. 睾丸（卵巢）动脉　14. 肠系膜后动脉

1. 升主动脉及其分支

升主动脉短，为主动脉起始段。起始处膨大为主动脉球，其对应的内腔为主动脉窦。升主动脉在主动脉窦发出左冠状动脉和右冠状动脉，分布于心。

2. 主动脉弓及其分支

主动脉弓为升主动脉的延续，出心包后向后上方弯曲，至第 5 胸椎腹侧，延续为胸主动脉。主动脉弓在凸面向前分出粗大的臂头动脉干。臂头动脉干在第 1 肋骨处分出左锁骨下动脉，于胸前口处分出双颈动脉干后，延续为右锁骨下动脉。双颈动脉干为头颈部动脉主干，在胸前口处、气管腹侧分为左、右颈总动脉。锁骨下动脉穿出胸腔延续为前肢动脉主干，在胸腔内分出肋颈动脉干、颈浅动脉和胸廓内动脉。肋颈动脉干较粗，起于锁骨下动脉起始处背侧，在第 1 肋骨与颈长肌间向前上方延伸，相继发出肋间最上动脉、肩胛背侧动脉、颈深动脉后，延续为椎动脉（表 16-2）。

表 16-2　锁骨下动脉分支分布

- 锁骨下动脉
  - 肋颈动脉干
    - 肋间最上动脉　形成 1 ～ 3 对肋间背侧动脉，分布于 1 ～ 3 肋间肌肉和皮肤
    - 肩胛背侧动脉　从第 2 肋间隙穿出胸腔，分布于鬐甲部肌肉和皮肤
    - 颈深动脉　从第 1 肋骨前缘穿出胸腔，分布于颈背侧肌肉和皮肤
    - 椎动脉　沿着横突管上行，分布于颈部肌肉、脊髓及入颅腔等
  - 颈 浅 动 脉　于胸前口向前，分布于肩关节前方肌肉及颈浅淋巴结等
  - 胸廓内动脉　沿胸骨背侧向后延伸，分支分布于肋间隙、心包、膈、腹壁、胸骨等

3. 胸主动脉及其分支

胸主动脉为胸部的粗大动脉主干，为主动脉弓的直接延续，沿着胸椎椎体腹侧稍偏左向后延伸，分出壁支和脏支。壁支包括肋间背侧动脉和肋腹背侧动脉。脏支为支气管食管动脉。

（1）肋间背侧动脉　共12对，其中1～3对由肋颈动脉干的肋间最上动脉分出，4～12对由胸主动脉向背侧分出。肋间背侧动脉分出粗大的背侧支，分布至脊柱背侧的肌肉和皮肤外，还分出脊髓支，分布于脊髓。肋间背侧动脉主干沿肋沟向下延伸，与胸廓内动脉的肋间腹侧支相吻合，分布于胸壁肌和皮肤。

（2）肋腹背侧动脉　为胸主动脉最后1对壁支，沿最后肋骨后方下行，主要分布于腹前部肌肉和皮肤。

（3）支气管食管动脉　在气管分叉相对处，胸主动脉的起始部分出支气管支和食管支。支气管支分两支，分别分布于左肺和右肺，为肺的营养性血管。食管支沿食管背侧向后延伸，分布于食管、心包和纵隔。支气管支和食管支常独立起于胸主动脉。

4. 腹主动脉及其分支

腹主动脉是腹部动脉的主干，为胸主动脉的直接延续，沿腰椎椎体腹侧偏左后行，于第5（6）腰椎腹侧分为左、右髂外动脉和左、右髂内动脉及荐中动脉。腹主动脉沿途分出壁支和脏支。壁支包括腰动脉和膈后动脉。脏支包括腹腔动脉、肠系膜前动脉、肾动脉、肠系膜后动脉及睾丸动脉或卵巢动脉。

（1）腰动脉　有6对，除最后1对起于髂内动脉外，其余均为腹主动脉的侧支。腰动脉有背侧支、脊髓支、外侧皮支和膈支，分布于腹壁肌肉和皮肤、脊髓、膈等。

（2）膈后动脉　起于腹主动脉或腹腔动脉，分支分布于膈和肾上腺。

（3）腹腔动脉　在膈后方起于腹主动脉，分为肝动脉、脾动脉和胃左动脉3大支，分布于胃、肝、脾、胰、十二指肠前部等。

（4）肠系膜前动脉　在腹腔动脉之后，由腹主动脉分出，为腹主动脉最粗大的脏支，主要分支包括胰十二指肠后动脉、结肠中动脉、侧副支、回结肠动脉和空肠动脉，分布于十二指肠后部、胰、空肠、回肠、盲肠、升结肠、横结肠和降结肠前部。

（5）肾动脉　成对，约在第2腰椎处，由腹主动脉分出，除分布于肾外，还分出肾上腺后支和输尿管支，分别分布于肾上腺和输尿管等。

（6）肠系膜后动脉　在第4～5腰椎处，由腹主动脉分出，分为结肠左动脉（前支）和直肠前动脉（后支）两支，分别分布于降结肠后部和直肠前部。

（7）睾丸动脉（公牛）或卵巢动脉（母牛）　成对，在肠系膜后动脉根部附近，由腹主动脉分出。睾丸动脉沿腹壁向下入鞘膜管，主干从睾丸头进入睾丸，分支分布于睾丸、附睾、精索、鞘膜、输精管等。卵巢动脉入子宫阔韧带，主干从卵巢门入卵巢，并分出输卵管支和子宫支两个侧支，分布于卵巢、输卵管和子宫角前部。卵巢动脉子宫支又称为子宫前动脉。

（二）体循环的静脉

牛体循环的静脉分为心静脉、左奇静脉、前腔静脉和后腔静脉4个静脉系。

1. 心静脉

心静脉为心的静脉总称，包括冠状窦（属支有心大静脉、心中静脉）、心右静脉及心最小静脉（图 15-1、图 15-2）。

2. 左奇静脉

左奇静脉为牛胸壁静脉主干，起于第 1、第 2 腰椎腹侧，沿胸主动脉左背侧缘向前延伸，至第 3 胸椎处向前下方，越过胸主动脉左侧转而向前、向右延伸，最后注入冠状窦。其属支如表 16-3 所示。

表 16-3　左奇静脉属支

第 1、第 2 对腰静脉
肋腹背侧静脉
第 5 ～ 12 对肋间背侧静脉
食管静脉
支气管静脉
心包静脉
纵隔静脉

} 左奇静脉 → 冠状窦 → 右心房

3. 前腔静脉

前腔静脉为收集头颈、前肢、部分胸壁及部分腹壁静脉血的短粗静脉干。由左、右颈内静脉和左、右颈外静脉，以及左、右锁骨下静脉于胸前口处汇合而成。前腔静脉位于心前纵隔内、臂头动脉干的右腹侧，约在第 4 肋骨相对处，穿过心包，经主动脉右侧注入右心房的腔静脉窦。前腔静脉起始处稍后方有肋颈静脉和胸廓内静脉的汇入。

4. 后腔静脉

后腔静脉是汇集腹部、盆部、尾部及后肢静脉血的粗大静脉干，由左、右髂总静脉干于第 5 ～ 6 腰椎腹侧汇合而成。后腔静脉沿着腹主动脉前行，到膈脚处与主动脉分离向下，入肝背侧的腔静脉沟（在此汇入数支肝静脉血），穿过膈的腔静脉裂孔，进入胸腔，注入右心房的腔静脉窦。后腔静脉沿途有腰静脉、肝静脉、肾静脉、睾丸静脉或卵巢静脉、髂总静脉等汇入。在胃、脾、胰、小肠、大肠（直肠后段之外）血液回心的过程中，先以门静脉入肝，然后再通过数支肝静脉汇入后腔静脉。髂总静脉由髂内静脉和髂外静脉在骨盆腔前口汇集而成。

【思考题】

1. 简述胸主动脉的分支及其分布。
2. 简述腹主动脉的分支及其分布。
3. 讨论和分析口服的药物经消化管吸收后如何经血液循环至靶器官发挥作用。

【作业】

请手绘牛主动脉的主干移行和主要分支，并注释。

实验十七 牛头颈部血管

【教学目标】

1. 掌握头颈部动脉主干的移行及主要分支分布。
2. 掌握颈外静脉的位置和临床应用。

一、实验教具

标本：牛头颈部血管标本。

二、实验内容

（一）头颈部动脉

双颈动脉干为牛头颈部的动脉主干，短而粗，起于臂头动脉干。头颈部动脉主干移行依次为：双颈动脉干→颈总动脉→颈外动脉→上颌动脉（图 17–1）。

1. 颈总动脉及其分支

双颈动脉干在胸前口分为左、右颈总动脉。颈总动脉位于颈静脉沟深部，与颈内静脉、迷走交感神经干共同形成神经血管束，沿食管的左侧和气管的右侧向前延伸。沿途发出侧支分布到颈部的肌肉、皮肤、食管、气管、喉、甲状腺及扁桃体等。颈总动脉在寰枕关节腹侧分出颈内动脉和枕动脉后，延续为颈外动脉。颈总动脉末端分叉处的膨大部为颈动脉窦，为压力感受器；颈总动脉末端分叉处的一个小结节为颈动脉球（颈动脉体），为化学感受器。

（1）枕动脉　位于寰椎腹侧，主干向上延伸，发出侧支分布于寰枕关节处的肌肉和皮肤、咽部、软腭、中耳及脑膜，最后延续为髁动脉，经舌下神经孔入颅腔。

（2）颈内动脉　仅犊牛有，起于枕动脉起始处的后方，由颈静脉孔入颅腔，分布于脑。成年牛颈内动脉退化。

2. 颈外动脉及其分支

颈外动脉为头部动脉主干，颈总动脉的直接延续。在上行过程中的主要分支包括舌面干、耳后动脉、咬肌支和颞浅动脉等。发出颞浅动脉后，颈外动脉延续为头部动脉主干第 2 段上颌动脉。

（1）舌面干　由颈外动脉起始处分出，主干分为舌动脉和面动脉（表 17–1）。舌动脉走

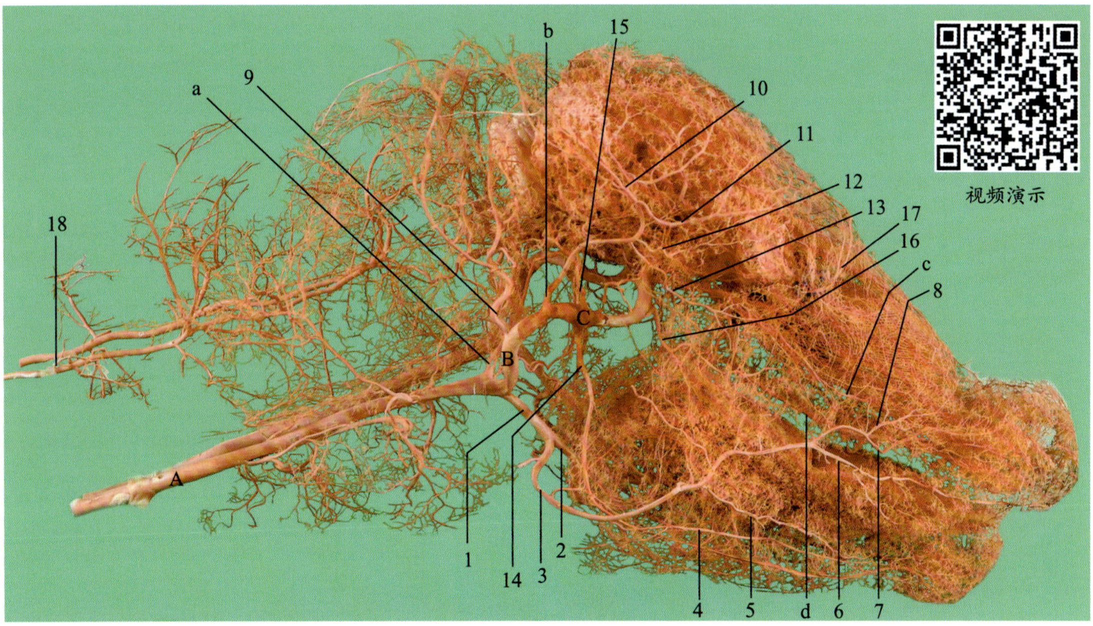

图 17–1　牛头颈部血管铸型标本

A. 右颈总动脉　B. 颈外动脉　C. 上颌动脉　a. 枕动脉　b. 颞浅动脉　c. 眶下动脉　d. 腭大动脉　1. 舌面干　2. 舌动脉　3. 面动脉　4. 下唇浅动脉　5. 下唇深动脉　6. 上唇动脉　7. 鼻外侧前支　8. 鼻背侧支　9. 耳后动脉　10. 角动脉　11. 上眼睑外侧动脉　12. 泪腺支　13. 下眼睑外侧动脉　14. 下齿槽动脉　15. 颞深后动脉　16. 颊动脉　17. 颧动脉　18. 椎动脉

向舌根，分出舌下动脉后延续为舌深动脉。面动脉在二腹肌与翼肌之间向前下方延伸，绕过下颌骨的面血管切迹，向上移行，在面部分出颏下动脉、下唇动脉、上唇动脉、口角动脉、眼角支和鼻外侧前支等分支。

表 17–1　舌面干分支分布

舌面干	舌动脉	舌下动脉	分布于舌腹侧肌和舌下腺
		舌深动脉	在舌骨舌肌与颏舌肌之间前行达舌尖，分布于舌肌
	面动脉	颏下动脉	在面血管切迹处向前分出，分布于颏部
		下唇动脉	包括上、下两支，分布于颊肌、颊腺、下唇和下唇降肌
		上唇动脉	在面结节处分出，分布于上唇
		口角动脉	与上唇动脉同一总干，伸向口角
		眼 角 支	伸向眼角
		鼻外侧前支	伸向鼻外侧前部

（2）耳后动脉　起于颈外动脉中部后缘，于腮腺深面伸向耳郭基部。分支到腮腺（腮腺支）、中耳鼓室（茎乳动脉）、耳郭内面（耳深动脉）及耳郭外侧面（耳外侧支、耳中间内侧支、耳中间外侧支）。

（3）咬肌支　在耳后动脉起点相对处，由颈外动脉分出，分布于咬肌。

（4）颞浅动脉　在颞下颌关节腹侧，由颈外动脉分出，主干在腮腺深面向上延伸，主要分支包括面横动脉、耳前动脉和角动脉等（表 17–2）。

表 17–2　颞浅动脉分支分布

颞浅动脉	面横动脉：	伸向咬肌，分支分布于咬肌、腮腺和腮腺淋巴结
	耳前动脉：	伸向耳前部，分支分布于耳、脑硬膜
	角　动　脉：	向上沿额骨的颞线走向耳根，分布于角真皮和角突
	眼外角分支：	包括上眼睑外侧动脉、下眼睑外侧动脉、泪腺支，分布于眼外角上、下眼睑和泪腺

3. 上颌动脉及其分支

上颌动脉是颈外动脉分出颞浅动脉后的直接延续，在下颌支和翼内侧肌间伸至翼腭窝处，分为眶下动脉和腭降动脉两条终末分支。沿途主要的分支包括下齿槽动脉、颞深后动脉、颊动脉、眼外动脉和颧动脉等。

（1）翼肌支　分布于翼肌后部。

（2）下齿槽动脉　从下颌孔进入下颌管，出颏孔后延续为颏动脉，沿途发出分支分布于臼齿、切齿、颏部及下唇部。

（3）颞深后动脉　在下齿槽动脉起点处前方，起于上颌动脉的背缘，分支分布于颞肌和咬肌。

（4）颊动脉　分支分布于翼肌、咬肌、颊肌和颊腺等。

（5）眼外动脉　于眶骨膜内，形成眼异网后，分出眶上动脉、泪腺动脉及睫状后动脉等。眶上动脉分支分布于额部、筛鼻甲、鼻中隔后部、上鼻甲和眼结膜。泪腺动脉分布于泪腺。睫状后动脉分支分布于睫状体、巩膜和视网膜等。

（6）硬膜外前异网后支、硬膜外前异网前支　前者经卵圆孔入颅腔，后者常有 5 ～ 12 支，经眶圆孔入颅腔，吻合形成硬膜外前异网。

（7）颧动脉　常与眶下动脉合起于上颌动脉，从眼内角穿出，分出第 3 眼睑动脉、眼角动脉、鼻外侧动脉和鼻背侧动脉，分布于第 3 眼睑、眼内角、鼻外侧后部及鼻背。

（8）眶下动脉　为上颌动脉的终末分支之一，进入眶下管，在管内发出齿支至上臼齿，出眶下孔分布至鼻唇部。

（9）腭降动脉　为上颌动脉的终末分支之一，在翼腭窝内前行，发出蝶腭动脉和腭小动脉后，延续为腭大动脉。腭大动脉粗大，在硬腭黏膜深面、腭大沟内前行，分布于硬腭；并经腭裂入鼻腔，分布到鼻黏膜前部。腭小动脉小，向后分布于软腭。蝶腭动脉经蝶腭孔入鼻腔，分布于鼻黏膜。

（二）头颈部静脉

头颈部静脉主干为颈外静脉，粗大，位于颈静脉沟内，其属支有舌面静脉、上颌静脉、颈浅静脉和头静脉。由于位于皮下容易触摸，颈外静脉是临床采血、放血和输液的重要部位。在深部有较小的颈内静脉，由甲状腺中静脉和枕静脉等汇集而成，与颈总动脉、迷走交感神经干伴行。左、右颈内静脉在胸前口稍前方先汇合成干，再注入左、右颈外静脉汇合处。

【思考题】

1. 概括头颈部动脉主干移行途径。
2. 简述舌面干分支的分布。
3. 如何从牛颈外静脉采血？

【作业】

请手绘头颈部动脉主干移行和主要分支，并注释。

实验十八 牛前肢血管

【教学目标】

1. 掌握前肢动脉主干移行及其主要分支分布。
2. 掌握头静脉的移行途径。

一、实验教具

标本：牛前肢血管标本。

二、实验内容

（一）前肢动脉

锁骨下动脉从第1肋骨前缘、斜角肌间穿出胸腔后，延续为前肢动脉的主干。牛前肢动脉主干依次移行为：腋动脉→臂动脉→正中动脉→指掌侧第3总动脉→第3、第4指掌轴侧固有动脉（图18-1）。

1. 腋动脉及其分支

腋动脉为锁骨下动脉穿出胸腔后的直接延续，位于肩内侧，主要分支包括胸廓外动脉、肩胛上动脉、肩胛下动脉及旋肱前动脉。

（1）胸廓外动脉　在第1肋骨前缘由腋动脉分出，沿着胸外侧沟延伸，分支分布于胸肌、臂头肌、臂二头肌及三角肌。

（2）肩胛上动脉　在肩关节上方，从冈上肌和肩胛下肌之间穿至肩胛骨外侧，分支分布于冈上肌和肩胛下肌等。

（3）肩胛下动脉　位于肩关节后方，分为胸背动脉、旋肱后动脉和旋肩胛动脉3个分支。

①胸背动脉：沿背阔肌深面后上方延伸，分支分布于背阔肌、大圆肌和臂三头肌等。

②旋肱后动脉：随腋神经从肩胛下肌和大圆肌之间伸向三角肌深面。在冈下肌、臂三头肌长头和外侧头之间，分为升支和降支（桡侧副动脉）。升支分支分布于肩关节、三角肌和臂三头肌等，并与旋肱前动脉吻合；降支的侧支分布于臂三头肌、臂肌和腕桡侧伸肌等，主干延续为前臂浅前动脉，至掌背侧下1/3处分为指背侧第2、第3总动脉，延伸为指背侧固有动脉。

③旋肩胛动脉：分为内、外两支，分布于肩胛骨内侧与外侧肌肉。

（4）旋肱前动脉　为腋动脉向前发出的分支，穿过喙臂肌和臂二头肌，在外侧与旋肱后动脉吻合。

2. 臂动脉

腋动脉分出旋肱前动脉后延续为臂动脉。臂动脉在肱骨内侧下行，主要分支包括臂深动脉、尺侧副动脉、二头肌动脉、肘横动脉和骨间总动脉。

（1）臂深动脉　由臂动脉在肱骨中部分出，分支分布于臂三头肌、臂肌、前臂筋膜张肌和肘肌。

（2）尺侧副动脉　由臂动脉在肱骨下 1/3 分出，在尺沟内向下，分支分布于肘关节、腕尺侧屈肌、指浅屈肌和指深屈肌；在掌部，主干沿掌骨背外侧下行，延续为指背侧第 4 总动脉，继续向下延伸为第 4 指背远轴侧固有动脉。同时，主干还发出腕背侧支和腕掌侧支，分别参与形成腕背网和掌深弓。

（3）二头肌动脉　在尺侧副动脉起点稍下方，向前入臂二头肌，分支分布于臂二头肌、大圆肌、喙臂肌和胸深肌。

（4）肘横动脉　在肘关节上方向前延伸，常与二头肌动脉起于同一总干，在臂二头肌深面、臂肌和腕桡侧伸肌之间向下延伸，分支分布于臂肌、臂二头肌、腕桡侧伸肌和指总伸肌等。

（5）骨间总动脉　由臂动脉在前臂近端发出，向后外侧走向前臂近骨间隙，分为骨间前动脉和骨间后动脉。骨间后动脉分布于指浅屈肌和指深屈肌。骨间前动脉穿过前臂近骨间隙，沿前臂骨背外侧向下延伸，在前臂骨远端分为腕背侧支和骨间支。腕背侧支参与形成腕背网；骨间支穿过前臂远骨间隙，分出腕掌侧支后延续为掌侧支。掌侧支又分为浅支和深支，分别参与形成掌浅弓和掌深弓。

3. 正中动脉

正中动脉为臂动脉分出骨间总动脉后的延续，在正中沟内下行，主要分支有前臂深动脉和桡动脉。

（1）前臂深动脉　由正中动脉在前臂骨近端发出，分支分布于腕桡侧屈肌、腕尺侧屈肌、指浅屈肌和指深屈肌。

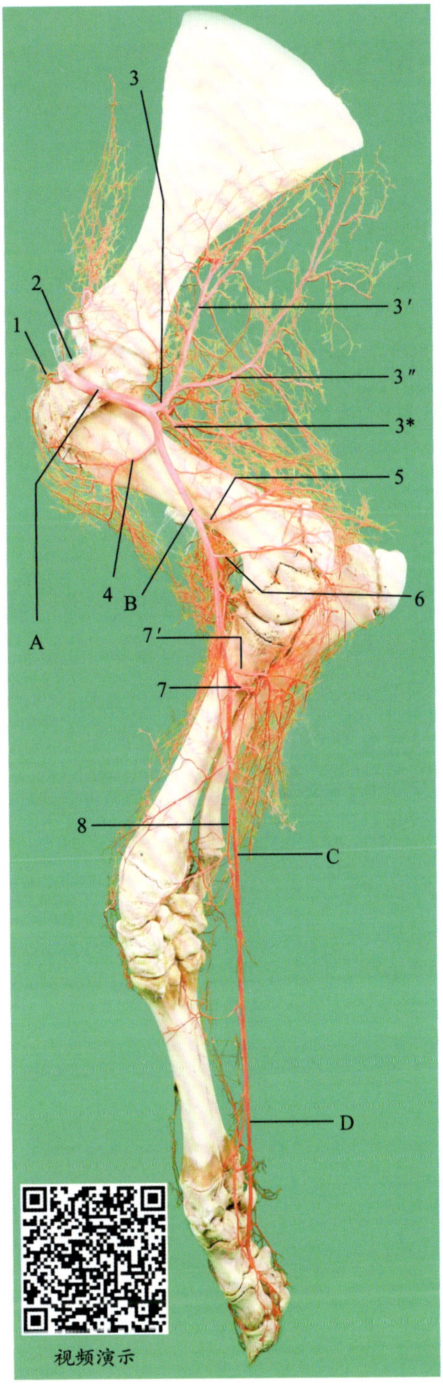

图 18–1　牛右前肢血管铸型标本内侧观

A. 腋动脉　B. 臂动脉　C. 正中动脉
D. 指掌侧第 3 总动脉　1. 胸廓外动脉
2. 肩胛上动脉　3. 肩胛下动脉　3′. 旋肩胛动脉
3″. 胸背动脉　3*. 旋肱后动脉　4. 旋肱前动脉
5. 臂深动脉　6. 尺侧副动脉　7. 骨间总动脉
7′. 骨间后动脉　8. 桡动脉

（2）桡动脉　由正中动脉在前臂骨中部发出，沿桡骨和腕桡侧屈肌之间下行，发出腕背侧支和腕掌侧支后，延续为掌浅支，分别参与形成腕背网、掌深弓和掌浅弓。

（3）腕背网　由尺侧副动脉的腕背侧支、骨间前动脉的腕背侧支和桡动脉的腕背侧支吻合而成，并向下发出掌背侧第 3 动脉，至掌骨远端与指背侧第 3 总动脉吻合。

（4）掌深弓　由骨间前动脉骨间支的掌侧深支、桡动脉掌深支和尺侧副动脉的掌侧支吻合而成，位于悬韧带与掌骨之间。掌深弓发出掌心第 2、第 3、第 4 动脉，于掌侧互相吻合，并发出远穿支与掌浅弓相接。

（5）掌浅弓　由骨间前动脉骨间支的浅支、桡动脉的掌浅支和正中动脉延续干在系关节上方吻合而成，并发出指掌侧第 2、第 3、第 4 总动脉，在指部形成指固有动脉。

4. 指掌侧第 3 总动脉

为正中动脉的直接延续，向指部延伸为第 3、第 4 指掌轴侧固有动脉，分布于指部。

（二）前肢静脉

前肢的深静脉干为锁骨下静脉。起于蹄静脉丛，汇入第 3、第 4 指掌轴侧固有静脉，各静脉干依次移行为指掌侧第 3 总静脉、正中静脉、臂静脉、腋静脉、锁骨下静脉，静脉干和属支与同名动脉伴行。锁骨下静脉与颈外静脉在胸前口处汇合形成前腔静脉。前肢浅静脉干为头静脉，无动脉伴行，起于蹄静脉丛，向上延续为第 3 掌远轴侧静脉，沿前臂内侧面上行，在臂部背侧伸向胸外侧沟内，注入颈外静脉。头静脉在前臂部近侧经肘正中静脉与正中静脉相连。副头静脉起自蹄静脉丛，位于前脚部背侧，在前臂部汇入头静脉。

【思考题】

1. 简述前肢动脉的来源、各主干名称及主要分支分布。
2. 简述前肢浅静脉干的移行途径。
3. 讨论如何利用头静脉对犬、猫采血。

【作业】

请手绘前肢动脉主干移行和主要分支，并注释。

实验十九 牛骨盆及后肢血管

【教学目标】

1. 掌握后肢动脉主干移行及其分支分布。
2. 掌握隐内侧静脉和隐外侧静脉的移行途径。
3. 了解骨盆动脉主干移行及其分支分布。

一、实验教具

标本：牛后躯血管标本和后肢血管标本。

二、实验内容

（一）骨盆部动脉

髂内动脉为牛骨盆部动脉的主干，沿荐骨腹侧和荐结节阔韧带内侧面向后延伸，至骨盆中部发出臀后动脉后，延续为骨盆主干第 2 段阴部内动脉（髂内动脉→阴部内动脉）（图 19–1）。

1. 髂内动脉

髂内动脉向后移行过程中，主要发出脐动脉、髂腰动脉、臀前动脉、前列腺动脉或阴道动脉及臀后动脉等分支。

（1）脐动脉　由髂内动脉在骨盆前口分出，胎儿期粗大，出生后末端闭塞而形成膀胱圆韧带。脐动脉发出输尿管支、膀胱前动脉和输精管动脉（公牛）或子宫动脉（母牛子宫中动脉），分布于输尿管、膀胱前部和输精管或子宫中部。

（2）髂腰动脉　细小，起点不定，常在脐动脉起点后方分出，分布于髂腰肌。

（3）臀前动脉　常有 1 ～ 2 支，出坐骨大孔，分布于臀肌。

（4）前列腺动脉（公牛）或阴道动脉（母牛）　由髂内动脉在骨盆中部分出。前列腺动脉分支分布于输精管、前列腺、精囊腺、膀胱后部及输尿管。阴道动脉在阴道腹侧分为子宫支（子宫后动脉）、直肠中动脉和会阴背侧动脉。子宫支向前分布于阴道、子宫颈和子宫体等；直肠中动脉向后背侧延伸，分布于直肠中段；会阴背侧动脉向后延伸，分支分布于阴道前庭、肛门和阴唇。

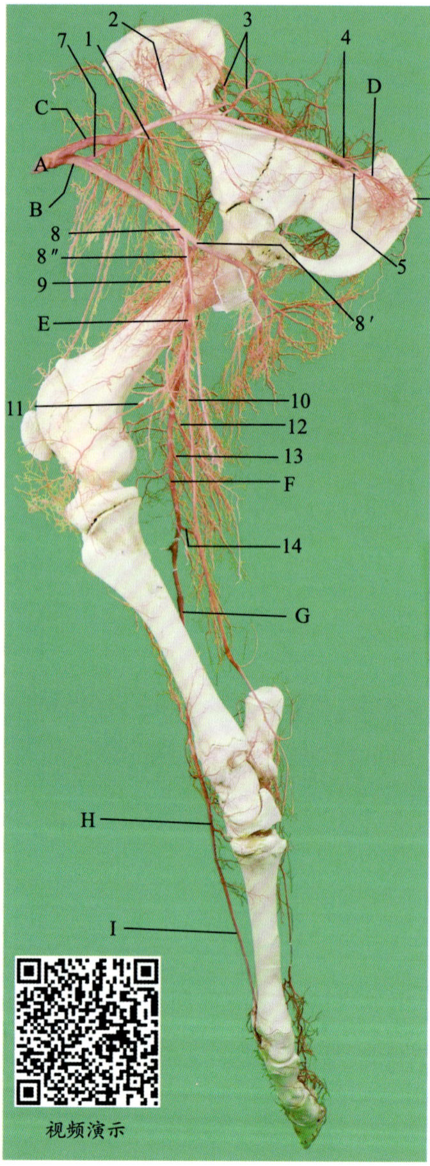

图 19–1 公牛骨盆及右后肢血管铸型标本内侧观

A. 腹主动脉 B. 右髂外动脉 C. 右髂内动脉
D. 阴部内动脉 E. 股动脉 F. 腘动脉
G. 胫前动脉 H. 足背动脉 I. 跖背侧第 3 动脉
1. 脐动脉 2. 髂腰动脉 3. 臀前动脉
4. 臀后动脉 5. 尿道动脉 6. 阴茎动脉
7. 旋髂深动脉 8. 股深动脉
8′. 旋股内侧动脉 8″. 阴部腹壁干
9. 旋股外侧动脉 10. 隐动脉
11. 膝降动脉 12. 胫后动脉
13. 腘动脉分支
14. 脚部骨间动脉

（5）臀后动脉　出坐骨小孔，分支分布于臀股二头肌和孖肌等。

2. 阴部内动脉

阴部内动脉为髂内动脉在坐骨小孔的延续干。

（1）公牛的阴部内动脉　分出尿道动脉和会阴腹侧动脉后延续为阴茎动脉（表 19–1）。

表 19–1　公牛阴部内动脉分支

- **阴部内动脉**
  - 尿道动脉　分支分布于尿道盆部和尿道球腺
  - 会阴腹侧动脉　分支分布于坐骨海绵体肌、会阴部皮肤、直肠后段和肛门等
  - ↓ **阴茎动脉**
    - 阴茎球动脉　分布于尿道海绵体
    - 阴茎深动脉　分布于阴茎海绵体
    - 阴茎背侧动脉　分布于阴茎体和阴茎头

（2）母牛的阴部内动脉　分出尿道动脉、前庭动脉和会阴腹侧动脉后，延续为阴蒂动脉（表 19–2）。

表 19–2　母牛阴部内动脉分支

- **阴部内动脉**
  - 尿道动脉　分布于尿道
  - 前庭动脉　分布于阴道前庭
  - 会阴腹侧动脉
    - 阴唇背侧支　分布于会阴部
    - 乳房支　分布于乳房
  - ↓ **阴 蒂 动 脉**　分支分布于阴蒂和阴门

（二）后肢动脉

牛后肢动脉主干为髂外动脉，约在第 5 腰椎腹侧由腹主动脉分出，沿骨盆前口向后下方延伸。后肢动脉主干依次移行为：髂外动脉→股动脉→腘动脉→胫前动脉→足背动脉→跖背侧第 3 动脉→趾背侧固有动脉（图 19–1）。

1. 髂外动脉

髂外动脉在下行过程发出的主要分支有旋髂深动脉和股深动脉。

（1）旋髂深动脉　由髂外动脉在骨盆前口上 1/3

处分出，主干在髋结节相对处分为前、后两支，分布于腹壁的肌肉和皮肤。

（2）股深动脉　由髂外动脉在耻骨前缘附近向后分出，主干分为阴部腹壁干和旋股内侧动脉。阴部腹壁干向前下方延伸至腹股沟管腹环处，分为腹壁后动脉和阴部外动脉（表19-3）。阴部外动脉穿过腹股沟管至皮下环处又分为腹壁后浅动脉和阴囊腹侧支（公牛）或阴唇腹侧支（母牛）。旋股内侧动脉分支分布于股内侧肌群和股后肌群。

表 19-3　阴部腹壁干分支

- **阴部腹壁干**
  - 腹壁后动脉　在脐部与腹壁前动脉相吻合，分支分布于腹横肌和腹直肌
  - 阴部外动脉
    - 腹壁后浅动脉　分支分布于腹底部肌肉、皮肤、腹股沟淋巴结及包皮（公牛）或乳房前部（母牛）
    - 阴囊腹侧支或阴唇腹侧支　分布于阴囊（公牛）或乳房后部和乳房淋巴结（母牛）

2. 股动脉

髂外动脉在耻骨前缘延续为股动脉，在股管内移行，主要分支包括旋股外侧动脉、隐动脉、膝降动脉和股后动脉。

（1）旋股外侧动脉　在股管内向前延伸，主要分布于股四头肌。

（2）隐动脉　由股动脉在股管中部发出，出股管后在股部和小腿部内侧皮下向下延伸，在跟骨内侧分为足底内侧动脉和足底外侧动脉，分别达第3趾和第4趾，分布于趾部。其中，足底内侧动脉浅支在跖远端分为趾跖侧第2、第3总动脉，足底外侧动脉浅支延续为趾跖侧第4总动脉，这些动脉伸向趾部形成趾跖侧固有动脉；深支与足背动脉的跗穿支在跖骨近端与悬韧带之间吻合形成足底深弓。

（3）膝降动脉　由股动脉在股管远端发出，向前下方分布于膝关节内侧。

（4）股后动脉　向后延伸，主干短，入腓肠肌，分为上、下两支。上支分支分布于股后肌群和膝关节外侧；下支分支分布于腓肠肌、趾浅屈肌和臀股二头肌等。

3. 腘动脉

腘动脉为股动脉分出股后动脉的延续，在腘肌深层向下，斜向胫骨近端外侧。腘动脉分出胫后动脉，分布于腘肌、趾浅屈肌和趾深屈肌等；同时有分支分布于邻近肌肉。

4. 胫前动脉

胫前动脉为腘动脉伸向胫骨近端外侧之后的延续，在胫骨前肌与胫骨背侧之间下行。胫前动脉发出短小分支于胫骨背外侧肌肉；并有浅肢伸向跖背侧中部，分为趾背侧第2、第3、第4总动脉，向下分布于趾部。

5. 足背动脉

足背动脉为胫前动脉的延续，位于跗关节背侧，分出跗外侧动脉和跗内侧动脉，分布于跗部。

6. 跖背侧第3动脉

跖背侧第3动脉为足背动脉伸至跖骨背侧的延续，沿着跖背侧纵沟向下，在系关节附近与趾背侧第3总动脉吻合后，向下延伸为趾背侧固有动脉，分布于趾部。

（三）荐中动脉及其分支

荐中动脉为腹主动脉的延续干，沿荐骨腹侧正中向后，沿途分出荐支入荐盆侧孔，分支到脊髓（脊髓支）和肌肉（背侧支）。主干向后伸达尾椎腹侧正中，延续为尾中动脉。尾中动脉从尾椎腹侧血管沟内向后，沿途发出尾支，并在尾椎横突背侧和腹侧吻合形成尾腹外侧动脉和尾背外侧动脉，分布到尾部肌肉和皮肤。

（四）骨盆和后肢静脉

髂总静脉为盆腔、后肢、尾部的静脉主干，由髂内静脉和髂外静脉在骨盆前口处汇集而成。此外，最后 1 对腰静脉、左睾丸静脉、左卵巢静脉、荐中静脉均直接注入髂总静脉。

1. 骨盆静脉

骨盆静脉主干为髂内静脉，属支有臀前静脉、臀后静脉、输精管静脉、前列腺静脉和阴部内静脉等，均与同名动脉伴行。

2. 后肢静脉

后肢的静脉主干为髂外静脉，向下依次为股静脉、腘静脉、胫前静脉和足背静脉，均与同名动脉伴行。后肢的浅层静脉干主要为隐内侧静脉（隐大静脉）和隐外侧静脉（隐小静脉），均注入深静脉干。隐内侧静脉又称小腿内侧皮下静脉，在跗关节内侧起于足底内侧静脉，与隐动脉伴行，汇入股静脉。隐外侧静脉又称小腿外侧皮下静脉，无动脉伴行。起于蹄静脉丛，向上汇集成趾背侧固有静脉，进而形成趾背侧总静脉并在小腿下 1/3 处与足底外侧静脉汇集形成隐外侧静脉，最后汇入旋股内侧静脉。隐外侧静脉常用于小动物静脉注射等。

【思考题】

1. 简述后肢动脉的来源、各主干名称及主要分支分布。
2. 简述后肢浅静脉干的移行途径。
3. 讨论如何利用隐外侧静脉对犬、猫采血。

【作业】

请手绘后肢动脉主干移行和主要分支，并注释。

实验二十 脑的外部形态构造

【教学目标】

1. 掌握脑外部形态构造和脑膜的构造。
2. 了解各脑神经的纤维特点和分布。

一、实验教具

标本：牛（马、猪）的脑外观标本、脑正中矢状切面标本、脑不同位置横切面标本、脑干标本和脑膜标本。

二、实验内容

（一）脑外部形态构造

脑位于颅腔内，经枕骨大孔与脊髓相连，根据外部形态和内部结构特征分为：延髓、脑桥、中脑、间脑、大脑和小脑。延髓、脑桥和中脑合称为脑干。间脑主要包括丘脑、下丘脑、上丘脑和后丘脑。间脑和脑干位于大脑和小脑腹侧面。

1. 脑背侧面

脑背侧面前方为大脑，后方为小脑，大脑与小脑间以大脑横裂隔开，左、右大脑半球间隔有大脑纵裂（图 20–1）。

（1）大脑　表面为灰质（大脑皮质），白质位于深层。表面隆起的为脑回，凹陷处为脑沟。每侧大脑半球根据位置和机能可分为 5 叶：前背侧面的额叶（运动区），后背侧面的顶叶（感觉区），外侧面的颞叶（听觉区），后面的枕叶（视觉区），内侧面下半部的边缘叶（调节内脏活动的高级中枢）。左、右大脑半球通过胼胝体相连。

（2）小脑　位于两大脑半球的后方，表面为灰质（小脑皮质），形成众多横行的脑沟，部分脑沟较深，分隔小脑为数个脑叶；深部为白质，形成小脑树。小脑包括中间的蚓部和两侧的小脑半球。根据小脑的发生和机能，其分为 3 个区域：小脑半球上的绒球和蚓部的小结形成古小脑（调节平衡），蚓部除小结之外的部分形成旧小脑（调节肌张力），大部分小脑半球形成新小脑（调节精巧的随意运动）。

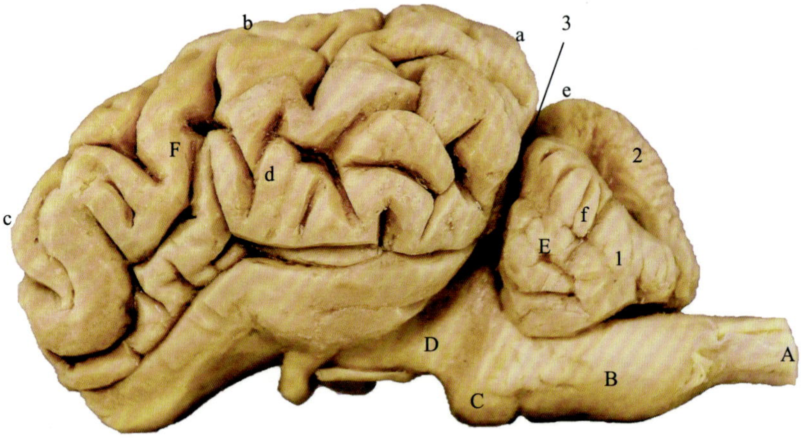

视频演示

图 20–1　牛脑侧面观（塑化标本）

A. 脊髓　B. 延髓　C. 脑桥　D. 中脑　E. 小脑　F. 大脑
a. 大脑枕叶　b. 大脑顶叶　c. 大脑额叶　d. 大脑颞叶　e. 旧小脑　f. 新小脑
1. 小脑半球　2. 小脑蚓部　3. 大脑横裂

2. 脑腹侧面

脑的腹侧面由后向前有延髓、脑桥基底、大脑脚、嗅三角和嗅球等（图 20–2）。

（1）延髓　后接脊髓，呈前宽后窄，上、下压扁的柱状。腹面正中有腹正中裂，裂两侧有 2 条纵行的锥体。锥体向后变细而消失，在后端其纤维形成锥体交叉。延髓前端、锥体两侧有横行的斜方体。

（2）脑桥基底　为脑桥的腹侧面，位于延髓的前方，形成明显的横行隆凸，该隆凸由脑桥腹侧部的横行纤维构成。

（3）大脑脚　为中脑的腹侧面，位于脑桥前方，呈 1 对纵走的柱状结构。两大脑脚之间的凹窝为脚间窝，容纳下丘脑。大脑脚外侧为梨状叶。

（4）下丘脑　位于丘脑腹侧，构成第三脑室的底壁和侧壁的腹侧部。从脑腹侧面观，下丘脑由前向后依次有视交叉、视束、灰结节、漏斗、脑垂体和乳头体。

（5）嗅球　略呈卵圆形，位于底面的最前端。嗅球后接内侧嗅回和外侧嗅回，内、外侧嗅回之间三角区域为嗅三角。外侧嗅回向后连于梨状叶；内侧嗅回伸入半球内侧，连于旁嗅区。

3. 脑干背侧面

脑干背侧面有延髓闭合部和开放部、第四脑室及四叠体等（图 20–3）。

（1）延髓背侧面　前、后差异较大，后部为闭合部，与脊髓形态相似；前部为开放部，中央管开放，形成第四脑室底的后部。在菱形窝后角两侧各有 2 个梭形隆起，外侧的为楔束核结节，内侧的为薄束核结节。

（2）第四脑室　为延髓、脑桥和小脑之间的间隙，前通中脑导水管，后接脊髓的中央管。顶壁由前髓帆、小脑、后髓帆和第四脑室脉络丛形成，侧壁为小脑脚，底壁为菱形窝。小脑脚包括小脑前脚、小脑中脚和小脑后脚，小脑借 3 对小脑脚与脊髓、延髓、脑桥、中脑和丘脑相连。菱形窝被正中沟分为左、右两半，在其两侧各有 1 条与之平行的界沟，把每半窝底又分为内、外侧两部分。在脑桥的内侧部有隆起的面神经丘，在延髓的外侧部为前庭区，前庭区外侧角有听结节。

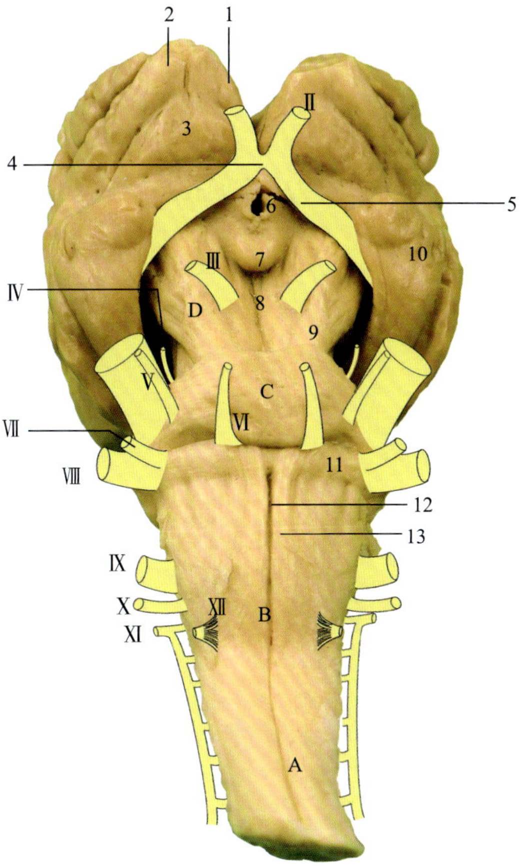

图 20-2　马脑腹侧面观及脑神经模式图

A. 脊髓　B. 延髓　C. 脑桥　D. 中脑　1. 内侧嗅回　2. 外侧嗅回　3. 嗅三角　4. 视交叉　5. 视束　6. 漏斗和灰结节　7. 乳头体　8. 脚间窝　9. 大脑脚　10. 梨状叶　11. 斜方体　12. 腹正中裂　13. 锥体　Ⅱ. 视神经根　Ⅲ. 动眼神经根　Ⅳ. 滑车神经根　Ⅴ. 三叉神经根　Ⅵ. 外展神经根　Ⅶ. 面神经根　Ⅷ. 前庭耳蜗神经根　Ⅸ. 舌咽神经根　Ⅹ. 迷走神经根　Ⅺ. 副神经根　Ⅻ. 舌下神经根

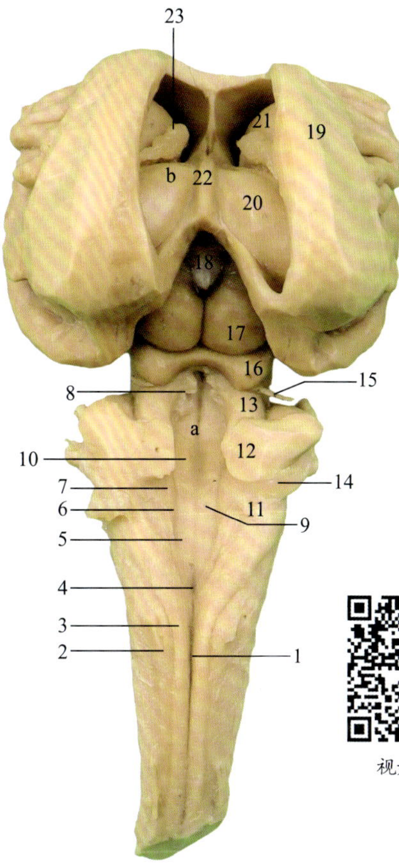

视频演示

图 20-3　马脑干背侧面观（塑化标本）

a. 第四脑室（菱形窝）　b. 侧脑室　1. 背正中沟　2. 楔束核结节　3. 薄束核结节　4. 鸟翮　5. 舌下神经三角区　6. 界沟　7. 前庭区　8. 前髓帆　9. 内侧隆起　10. 面神经丘　11. 小脑后脚　12. 小脑中脚　13. 小脑前脚　14. 听结节　15. 滑车神经根　16. 后丘　17. 前丘　18. 松果体　19. 胼胝体　20. 海马　21. 尾状核　22. 穹隆　23. 侧脑室脉络丛

（3）四叠体（中脑顶盖）　为中脑的背侧部，由 2 对丘状隆起形成，即前丘和后丘。前丘较大，后丘较小。前丘的前方有松果体，后丘的后方有滑车神经根发出。在四叠体深部有导水管贯穿。以导水管为界，将中脑分为背侧的四叠体和腹侧的大脑脚。

（4）侧脑室　位于大脑半球内，是左右对称的两个腔隙。顶壁为胼胝体；底壁前部为尾状核，后部为海马；内侧壁是透明隔。在尾状核与海马之间有侧脑室脉络丛。在穹窿柱与丘脑之间有室间孔，侧脑室以此与第三脑室相通。

4. 脑矢状面（内侧面）

在脑内侧面可以看到胼胝体、透明隔、穹隆、丘脑和第三脑室等（图 20-4）。

（1）胼胝体　位于大脑纵裂底部，是连接左、右大脑半球的神经纤维，构成侧脑室的顶壁。

（2）透明隔　为两侧脑室之间的正中隔，构成侧脑室的内壁。

（3）穹隆　由联系乳头体与海马之间的纤维构成，在中线位于胼胝体和透明隔腹侧。

（4）丘脑　占据间脑的大部，为两个卵圆形的灰质团块，其中央有丘脑间黏合连接左、右丘脑。

（5）第三脑室　为环绕丘脑间黏合部的环状腔隙，前方借左、右室间孔与侧脑室相通，后方经导水管通第四脑室。

（6）边缘叶　位于脑内侧面下半部，包括环绕胼胝体的扣带回和海马旁回等，是大脑皮质调节内脏活动的区域。

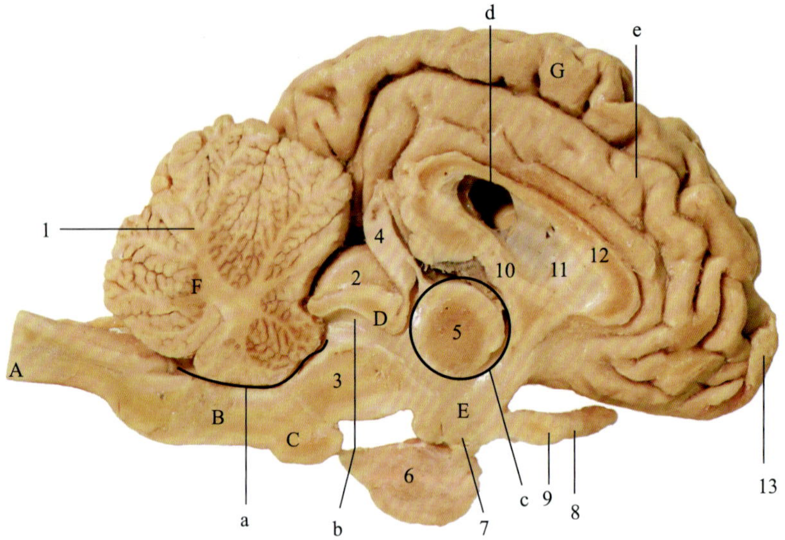

图 20-4　牛脑矢状面观（塑化标本）

A. 脊髓　B. 延髓　C. 脑桥　D. 中脑　E. 间脑　F. 小脑半球　G. 大脑半球
a. 第四脑室　b. 导水管　c. 第三脑室　d. 侧脑室　e. 边缘叶（扣带回）
1. 小脑树　2. 四叠体　3. 大脑脚　4. 松果体　5. 丘脑间黏合　6. 垂体
7. 灰结节和漏斗　8. 视神经　9. 视交叉　10. 穹隆
11. 透明隔　12. 胼胝体　13. 嗅球

视频演示

5. 脑神经

脑神经共 12 对，依次为Ⅰ嗅神经（图 20-2 中未显示）、Ⅱ视神经、Ⅲ动眼神经、Ⅳ滑车神经、Ⅴ三叉神经、Ⅵ外展神经、Ⅶ面神经、Ⅷ前庭耳蜗神经、Ⅸ舌咽神经、Ⅹ迷走神经、Ⅺ副神经、Ⅻ舌下神经（图 20-2）。大部分脑神经从延髓腹侧面发出。

（1）嗅神经　为感觉神经，由鼻腔黏膜嗅区的嗅细胞的中枢突形成，止于嗅球，传导嗅觉。

（2）视神经　为感觉神经，由眼球视网膜上节细胞的轴突形成。进入颅腔后，左、右视神经形成视交叉，以视束止于间脑的外侧膝状体，传导视觉冲动。

（3）动眼神经　为运动神经，起于中脑的动眼神经核，从大脑脚出脑，分布于眼球肌。其包括运动核的躯体传出和副交感核的内脏传出两种纤维。

（4）滑车神经　为运动神经，较细，起于中脑滑车神经核，从后丘后缘出脑干，向腹侧延伸，分布于眼球肌。

（5）三叉神经　为混合神经，是最大脑神经，由大的感觉根和小的运动根与脑桥侧部相连。分出眼神经（感觉支）、上颌神经（感觉支）和下颌神经（混合支），主要分布于面部皮肤、鼻腔黏膜和咀嚼肌等。构成三叉神经的感觉纤维来自头部的皮肤和深部组织，头部的一般性感觉主要由三叉神经传导。运动根起自脑桥三叉神经运动核，参与组成下颌神经。

①眼神经：为三叉神经最细的一支，分支分布于泪腺、上睑提肌、结膜、角膜、鼻腔嗅黏膜、额窦黏膜、角、额部和颞部的皮肤。

②上颌神经：为三叉神经最大的分支，分支分布于下眼睑及其附近皮肤、硬腭、软腭、上颌臼齿、齿龈、齿槽、上唇皮肤、颊前部皮肤、鼻腔黏膜、鼻背侧皮肤、鼻唇镜的皮肤和黏膜。

③下颌神经：分支分布于咀嚼肌、下颌舌骨肌、二腹肌前腹、颊部黏膜、下唇黏膜、舌黏膜、口腔底黏膜、下颌齿、齿龈、下唇皮肤、下颌皮肤、面部皮肤、颞部皮肤、耳前部皮肤。

（6）外展神经　为运动神经，起自延髓内的外展神经核，从锥体前端两侧穿出，分布于眼球肌。

（7）面神经　为混合神经，起于斜方体两侧端，运动神经纤维来自延髓内的面神经核，分布于颜面肌群、耳肌、眼轮匝肌等；躯体一般感觉神经的神经元位于膝神经节，后者位于面神经管内，其周围突分布于外耳凸面、凹面的皮肤；内脏特殊传入神经参与组成鼓索神经，随舌神经分布于舌前 2/3 处的味蕾；副交感神经纤维主要组成岩大神经，其在翼腭窝内形成翼腭神经节，节后纤维分布到头部除腮腺以外的腺体，如泪腺、下颌腺、舌下腺和腭腺。

（8）前庭耳蜗神经　为感觉神经，由前庭神经和耳窝神经组成，纤维分别来自内耳道的前庭神经节和内耳的螺神经节的神经元中枢突，相应的止于延髓的前庭神经核和耳蜗神经核，传导平衡觉和听觉。

（9）舌咽神经　为混合神经，从延髓后端两侧发出，分布于舌和咽，感觉纤维支配咽部的感觉和舌后 1/3 的味觉，运动纤维支配咽肌。

（10）迷走神经　为混合神经，从延髓后端两侧发出，其包含 4 种神经纤维，其中内脏运动纤维是副交感纤维，是迷走神经的主要成分，主要分布于胸、腹腔内脏器官，支配心肌、平滑肌和腺体的活动；躯体运动纤维支配咽、喉部和食管骨骼肌；内脏感觉纤维来自咽、喉、气管、食管以及胸、腹腔内脏器官；躯体感觉纤维来自外耳皮肤。迷走神经是脑神经中行程最长、分布区域最广的神经。

（11）副神经　为运动神经，由脑根和脊髓根组成。脑根纤维起自延髓疑核，从延髓外侧后端两侧发出；脊髓根纤维由颈前段脊髓灰质腹侧柱发出的腹侧根分支组成。副神经分支分布于咽肌、喉肌、臂头肌、斜方肌和胸头肌。

（12）舌下神经　为运动神经，起自延髓的舌下神经核，自延髓锥体后部外侧发出，分布于舌肌和舌骨肌。

（二）脑膜

脑膜与脊膜相似，分为 3 层，即脑软膜、脑蛛网膜和脑硬膜。

1. 脑软膜

脑软膜富有血管，紧贴脑表面。在侧脑室、第三脑室和第四脑室的脑软膜有脉络丛，产生脑脊液。

2. 脑蛛网膜

脑蛛网膜薄，与软膜形成蛛网膜下腔，含有脑脊液。经第四脑室的脉络丛上的孔使脑室与蛛网膜下腔相通。

3. 脑硬膜

脑硬膜较厚，与蛛网膜之间形成硬膜下腔，但无硬膜外腔。脑硬膜（图 20-5）伸入大脑纵裂形成大脑镰，伸入大脑横裂形成小脑幕，围于脑和垂体之间形成鞍隔。在脑硬膜含有静脉窦接受来自脑的静脉血。

视频演示

图 20-5　牛脑硬膜（固定标本）

1. 大脑镰　2. 小脑幕

【思考题】

1. 简述 12 对脑神经的名称及其神经根发出的部位。
2. 讨论在大脑腹侧面能看到哪些下丘脑的结构。
3. 分析侧脑室、第三脑室、第四脑室是如何连通的。

【作业】

请手绘脑腹面观和正中矢状面观，并注释。

实验二十一 脊 髓

【教学目标】

1. 掌握脊髓的外形和内部结构。
2. 掌握脊髓被膜的构造。

一、实验教具

标本：牛或猪脊髓整体标本和脊髓横断标本。

二、实验内容

脊髓是躯干与四肢的初级反射中枢，与脑的各级中枢联系密切，又是神经冲动的传导径。

（一）脊髓的位置和外形

1. 位置

脊髓位于椎管内，其前端在枕骨大孔处与延髓相连，后端止于荐骨中部（图 11–1）。

2. 外形

脊髓呈背腹略扁的圆柱状，按位置分为：颈段（颈髓）、胸段（胸髓）、腰段（腰髓）、荐段（荐髓）和尾段（尾髓）（图 21–1）。脊髓全长粗细不等，形成颈膨大、腰膨大和脊髓圆锥，脊髓圆锥向后发出终丝。在荐段和尾段的脊髓发出的脊神经形成马尾。脊髓表面有 6 条平行的沟：腹正中裂、腹外侧沟（2 条）、背正中沟和背外侧沟（2 条）。脊神经的背侧根从背外侧沟进入脊髓，腹侧根从腹外侧沟离开脊髓。

图 21–1 猪的脊髓（固定标本）

a. 颈髓 b. 胸髓 c. 腰髓 d. 荐髓 e. 尾髓

1. 颈膨大 2. 腰膨大 3. 脊髓圆锥 4. 马尾 5. 脊神经

视频演示

（二）脊髓的内部结构

脊髓由灰质和白质构成（图 21–2）。

1. 灰质

灰质位于脊髓中央，从横切面观察，呈 H 形或蝶翼形，颜色灰暗。主要由神经元的胞体和树突构成。在横切面上，灰质中间有中央管，每侧灰质可分为背侧角（柱）和腹侧角（柱）；从第 1 胸节段（或第 8 颈节段）到第 3 腰节段还形成外侧角（柱），在第 2 荐节段到第 4 荐节段也有类似的外侧角；背侧角和腹侧角之间为灰质联合。背侧柱内含中间神经元，腹侧柱主要由运动神经元组成，外侧柱内含植物性神经元。中央管纵贯脊髓全长，前接第四脑室，后达终丝的起始部，并在脊髓圆锥内呈菱形扩张形成终室。

2. 白质

白质位于灰质的外周，呈白色，主要由有髓纤维组成，含有长短不等的纤维束，被灰质柱分为左、右对称的 3 对索：背侧索、腹侧索和外侧索。其内的纤维为一些远程的连于脑和脊髓之间的上行（感觉）和下行（运动）传导束。此外，靠近灰质的白质为一些短程的连接脊髓各段之间的脊髓固有束。

（1）背侧索　位于背侧柱与背正中沟之间，由脊神经节内的神经元的中枢突构成，为感觉传导束，包括内侧的薄束和外侧的楔束，传导意识本体感觉和精细的触觉到脑。

（2）腹侧索　位于腹侧柱与腹正中裂之间，神经束主要是运动传导束，纤维起于大脑皮质和脑桥，止于腹侧柱的运动神经元；此外还含有一些感觉传导束。

（3）外侧索　位于背侧柱与腹侧柱之间，神经束包括浅层的感觉传导束和深层的运动传导束。浅层的纤维由脊髓灰质背侧柱的中间神经元的突起组成。深部的纤维起自大脑半球皮质、中脑红核和延髓前庭核的神经元的轴突组成，止于腹侧柱的运动神经元。

（三）脊髓的被膜

脊髓外面被覆有 3 层结缔组织膜，由内向外依次为脊软膜、脊蛛网膜和脊硬膜（图 21–2）。

1. 脊软膜

脊软膜薄，紧贴脊髓表面，富有神经和血管，对脊髓的滋养具有重大意义。

2. 脊蛛网膜

脊蛛网膜薄，缺乏神经和血管，其深面发出许多蛛网膜小梁与脊软膜相连。脊蛛网膜与脊软膜之间形成蛛网膜下腔，向前与脑蛛网膜下腔相通，内含脑脊液。

3. 脊硬膜

脊硬膜薄，为白色致密的结缔组织膜。在脊硬膜与脊蛛网膜之间形成狭窄的硬膜下腔，内含少量的液体，向前与脑硬膜下腔相通。在脊硬膜与椎管之间，形成硬膜外腔，腔内含静脉和大量的脂肪，有脊神经通过，可进行脊髓硬膜外腔麻醉。

（四）脊神经与脊神经根

脊神经是由与脊髓相连的腹侧根和背侧根在椎间孔处合并而成的（图 21–2、表 21–1）。牛脊神经共 37 ～ 38 对，其中颈神经 8 对，胸神经 13 对，腰神经 6 对，荐神经 5 对，尾神经 5 ～ 6 对。脊神经数目与椎骨数目密切相关，除颈神经和尾神经外，各部椎骨数目与相应脊神经对数一致。脊神经出椎间孔后，分为背侧支和腹侧支。背侧支分布于脊柱背侧的肌肉和皮肤，腹侧支分布于脊柱腹侧和四肢的肌肉及皮肤。

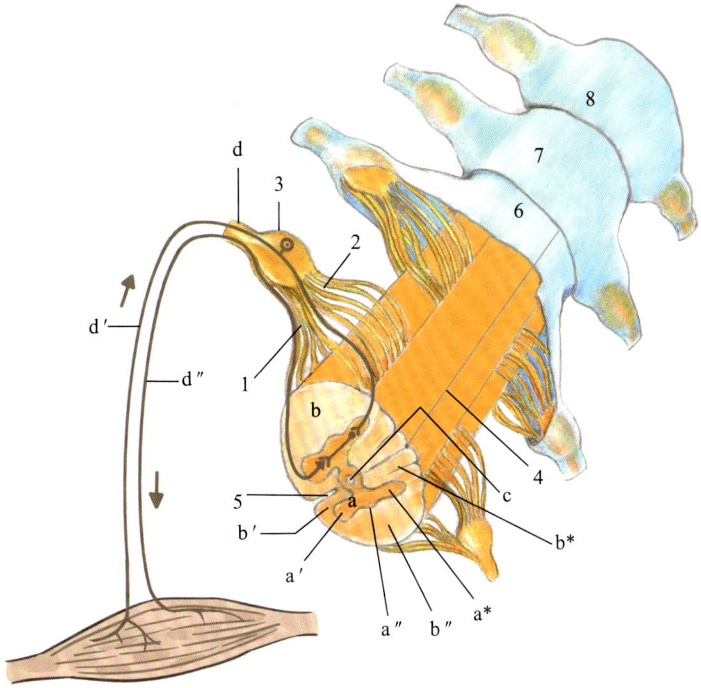

图 21-2　脊髓结构模式图

a. 灰质　a′. 腹侧柱　a″. 外侧柱　a*. 背侧柱　b. 白质　b′. 腹侧索　b″. 外侧索　b*. 背侧索　c. 中央管　d. 脊神经　d′. 感觉纤维　d″. 运动纤维　1. 腹侧根　2. 背侧根　3. 脊神经节　4. 背正中沟　5. 腹正中裂　6. 脊软膜　7. 脊蛛网膜　8. 脊硬膜

表 21-1　脊神经与脊神经根关系

背侧根（感觉根）
腹侧根（运动根）
→ 脊神经
背侧支　分布于脊柱背侧的肌肉和皮肤
腹侧支　分布于脊柱腹侧和四肢的肌肉及皮肤

1. 脊神经根

脊神经根包括背侧根和腹侧根。

（1）背侧根　又称感觉根，由脊神经节中的假单极神经元的中枢突组成。脊神经节为背侧根在椎间孔处的膨大部分，主要由假单极神经元的胞体聚集而成。脊神经节神经元发出的中枢突组成背侧根，经脊髓背外侧沟进入脊髓；其周围突是走向外周的纤维，与腹侧根相合形成脊神经。

（2）腹侧根　又称运动根，由脊髓腹侧柱运动神经元以及脊髓胸 1（或颈 8）～腰 3 节段和荐 2 ～ 4 节段外侧柱的植物性神经元发出的轴突组成。

2. 脊神经

脊神经是混合神经，含有感觉纤维和运动纤维。感觉纤维包括来自躯体和内脏两部分，运动纤维也包括躯体和内脏两部分。交感神经节后纤维以灰交通支返回脊神经，分布于躯干和四肢的血管、汗腺和立毛肌等。

（1）躯体传入（感觉）纤维　分布于皮肤、骨骼肌、骨和关节。

（2）内脏传入（感觉）纤维　分布于内脏、心、血管和腺体。

（3）躯体传出（运动）纤维　支配骨骼肌。

（4）内脏传出（运动）纤维　支配平滑肌、心肌和腺体等。

【思考题】

1. 简述脊髓的外形和内部结构。
2. 讨论和分析实施硬膜外腔麻醉的位置和应用。

【作业】

请手绘脊髓横断面的形态结构，并注释。

实验二十二 牛颈神经和胸神经

【教学目标】

1. 掌握颈神经和胸神经的分支分布。
2. 掌握臂神经丛的组成和分支分布。

一、实验教具

标本：牛躯干神经标本和前肢神经标本。

二、实验内容

脊神经出椎间孔后，立即分出一细的脊膜支，返入椎管，分布于脊膜；然后分为小的背侧支和大的腹侧支。

（一）颈神经和胸神经的背侧支

颈神经和胸神经背侧支都分为内、外侧两支，分别分布于颈、胸的背侧肌肉和皮肤。颈神经的内侧支位于头半棘肌内侧，外侧支在头半棘肌与夹肌之间。胸神经的内侧支在背颈棘肌和背腰最长肌的内侧，外侧支从髂肋肌沟出来。

（二）颈神经的腹侧支

颈神经共 8 对，腹侧支分布于颈腹侧的肌肉，并穿过臂头肌，分布于皮肤。同时发出耳大神经、颈横神经、膈神经等分支，第 6 ~ 8 颈神经腹侧支还参与形成臂神经丛。

1. 耳大神经

来自第 2 颈神经腹侧支的分支，沿寰椎翼外侧缘向耳郭延伸，分布于耳郭背面皮肤。

2. 颈横神经

来自第 2 颈神经腹侧支的分支，走向下颌，分布于下颌间隙的皮肤，另有分支走向腮腺部的皮肤。

3. 膈神经

为膈的运动神经，由第 5 ~ 7 颈神经腹侧支的分支合并形成，经胸前口入胸腔，沿着纵隔后行，分布于膈。

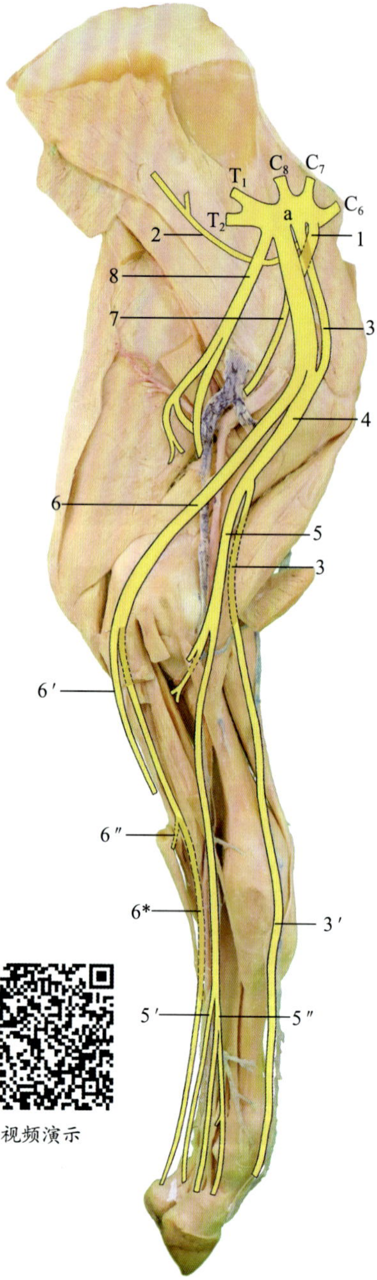

视频演示

图 22-1　牛左前肢内侧主要神经分布模式图

C_6. 第 6 颈神经　C_7. 第 7 颈神经　C_8. 第 8 颈神经　T_1. 第 1 胸神经　T_2. 第 2 胸神经　a. 臂神经丛　1. 肩胛上神经　2. 肩胛下神经　3. 肌皮神经　3′. 前臂内侧皮神经　4. 肌皮神经和正中神经总干　5. 正中神经　5′. 正中神经外侧支　5″. 正中神经内侧支　6. 尺神经　6′. 尺神经皮支　6″. 尺神经背侧支　6*. 尺神经掌侧支　7. 腋神经　8. 桡神经

（三）胸神经的腹侧支

牛胸神经共 13 对，腹侧支包括肋间神经和肋腹神经，同时第 1、第 2 胸神经腹侧支参与形成臂神经丛。

1. 肋间神经

伴随肋间背侧动、静脉，沿肋骨的后缘下行，沿途分支分布于肋间肌，本干穿过肋间肌，分支分布于腹壁肌、躯干皮肌和皮肤。

2. 肋腹神经

为最后胸神经腹侧支，在最后肋骨的后缘经腰大肌背侧面向外侧延伸，在第 1 腰椎横突顶端的前下方分为深、浅两支，分支分布于腹横肌、腹直肌、腹内斜肌、腹外斜肌、躯干皮肌及皮肤。

（四）臂神经丛

臂神经丛由第 6 ～ 8 颈神经和第 1、第 2 胸神经的腹侧支形成。在斜角肌上、下两部分之间穿出，位于肩关节内侧，该丛发出 8 大分支分布于前肢，即肩胛上神经、肩胛下神经、腋神经、肌皮神经、胸肌神经、桡神经、尺神经和正中神经（图 22-1）。

1. 肩胛上神经

肩胛上神经由臂神经丛前部分出，与肩胛上动脉一起经肩胛下肌和冈上肌之间，绕过肩胛骨前缘伸向外后方，分支分布于冈上肌、冈下肌、肩臂皮肌和皮肤。

2. 肩胛下神经

肩胛下神经常有 2 ～ 4 支，分布于肩胛下肌和肩关节囊。

3. 腋神经

腋神经由臂神经丛中部发出，经肩胛下肌与大圆肌之间绕过肩关节后方至三角肌深层，发出的主要肌支分布于肩胛下肌、大圆肌、小圆肌、三角肌和臂头肌，并发出皮支分布于臂部和前臂背外侧面的皮肤。

4. 肌皮神经

由臂神经丛前部发出，在腋动脉下方与正中神经相连形成腋袢。在肩关节附近发出近侧肌支分布于喙臂肌和臂二头肌。在臂中部，肌皮神经与正中神经分开，发出远侧肌支到臂二头肌和臂肌，主干在两肌之间向下延续为前臂内侧皮神经，分布于前臂、腕、掌内侧的皮肤。

5. 胸肌神经

胸肌神经分为前部的胸肌前神经和后部的胸肌后神经。胸肌前神经，有数支，分布于胸浅肌和胸深肌。胸肌后神经包括胸长神经、胸背神经和胸外侧神经。

（1）胸长神经　沿胸腹侧锯肌表面后行，分布于胸腹侧锯肌。

（2）胸背神经　横过大圆肌，向后上方移行，分布于背阔肌。

（3）胸外侧神经　沿胸廓外静脉向后延伸，分布于躯干皮肌和皮肤。

6. 桡神经

桡神经为臂神经丛最粗的分支，由神经丛的后部分出，沿着尺神经后缘下行，在臂中部经臂三头肌长头与内侧头之间移行至臂三头肌外侧头深面，沿着臂肌后缘下行。移行途中发出肌支，主干在臂三头肌外侧头的深面分为深、浅两支。

（1）肌支　分布于臂三头肌、肘肌和前臂筋膜张肌。

（2）深支（桡深神经）　沿肘关节背侧面和腕桡侧伸肌的深面向下，分支分布于腕、指关节的伸肌。

（3）浅支（桡浅神经）　发出皮支分布于前臂背侧皮肤，主干沿腕桡侧伸肌的前面在指伸肌腱内侧向下延伸至掌部，分为内、外侧支，分布于第 2、第 3、第 4 指的背侧（表 22–1）。

表 22–1　桡浅神经分支

- 桡浅神经
  - 外侧支 → 指背侧第 3 总神经
    - 第 4 指背轴侧固有神经
    - 第 3 指背轴侧固有神经
  - 内侧支 → 指背侧第 2 总神经
    - 第 3 指背远轴侧固有神经
    - 第 2 指背侧固有神经

7. 尺神经

尺神经由臂神经丛后部发出，主干在前臂部的尺沟内向下，至腕关节上部分为背侧支和掌侧支（表 22–2）。在移行途中还发出皮支和肌支。

（1）前臂后皮神经　在臂中部由尺神经分出，分布于前臂掌侧皮肤。

（2）肌支　在臂部远端由尺神经分出，分布于腕尺侧屈肌、指深屈肌和指浅屈肌。

（3）背侧支　沿掌部背外侧缘下降，分布于第 4、第 5 指背侧。

（4）掌侧支　沿着指深屈肌腱的外侧缘下降，接受正中神经的交通支成为指掌侧第 4 总神经，分布于第 4、第 5 指掌侧。

表 22–2　尺神经背、掌侧支分支

- 尺神经
  - 背侧支 → 指背侧第 4 总神经
    - 第 4 指背远轴侧固有神经
    - 第 5 指背侧固有神经
  - 掌侧支 → 指掌侧第 4 总神经
    - 第 4 指掌远轴侧固有神经
    - 第 5 指掌侧固有神经

8. 正中神经

正中神经为前肢最长的神经，由臂神经丛后部发出，在臂骨中部与肌皮神经分开，主干在前臂部的正中沟内向下，于掌部分为内、外侧支（表 22-3）。正中神经移行途中还发出肌支和前臂骨间神经。

（1）肌支　分布于腕桡侧屈肌、指浅屈肌和指深屈肌。

（2）前臂骨间神经　走向前臂近骨间隙，分布于前臂骨骨膜。

（3）外侧支（掌外侧神经）　向下延伸，分布于第 4 指掌侧。

（4）内侧支（掌内侧神经）　向下延伸，分布于第 2、第 3 指掌侧。

表 22- 3　正中神经内、外支分支

- 正中神经
  - 外侧支
    - 以交通支参与形成指掌侧第 4 总神经
    - 第 4 指掌轴侧固有神经
  - 内侧支
    - 第 3 指掌轴侧固有神经
    - 指掌侧第 2 总神经
      - 第 2 指掌侧固有神经
      - 第 3 指掌远轴侧固有神经

【思考题】

1. 简述臂神经丛的组成及主要分支的分布。
2. 描述躯干的主要神经分布。

【作业】

请手绘臂神经丛及其主要分支，并注释。

实验二十三 牛腰神经和荐神经

【教学目标】

1. 掌握腰神经和荐神经的分支分布。
2. 掌握腰荐神经丛的组成和分支分布。

一、实验教具

标本：牛躯干神经标本和后肢神经标本。

二、实验内容

（一）腰神经和荐神经的背侧支

腰、荐神经的背侧支分布于腰背侧、荐臀部的肌肉和皮肤。腰神经背侧支也分为内侧支和外侧支，内侧支在背腰最长肌的内侧，外侧支则在背腰最长肌的外侧缘。荐神经背侧支经荐背侧孔穿出至荐臀部。

（二）腰神经的腹侧支

腰神经有6对，第1～4腰神经的腹侧支形成髂腹下神经、髂腹股沟神经、生殖股神经和股外侧皮神经，其中第4～6腰神经的腹侧支参与形成腰荐神经丛（图23–1）。

1. 髂腹下神经

髂腹下神经来自第1腰神经腹侧支，经腰方肌与腰大肌之间，向后下方延伸，在第2腰椎横突顶端下方分为深、浅2支，分支分布于腹外斜肌、腹内斜肌、腹直肌、腹横肌、腹侧壁皮肤、腹底壁皮肤及膝关节外侧皮肤。

2. 髂腹股沟神经

髂腹股沟神经来自第2腰神经腹侧支，从腰方肌与腰大肌之间穿出，行经第4腰椎横突顶端的下方分为深、浅2支，分支分布于腹内斜肌、腹直肌、腹底壁皮肤及膝褶外侧皮肤。

3. 生殖股神经

生殖股神经来自第2～4腰神经腹侧支，沿腰大肌内侧缘下行，分为前、后2支。除分支到腹内斜肌外，2支均通过腹股沟管。在公牛分布于包皮、阴囊和睾外提肌，在母牛则分布于乳房。

4. 股外侧皮神经

股外侧皮神经来自第 3、第 4 腰神经腹侧支，经腰大肌与腰小肌间向后外侧延伸，与旋髂深动脉后支并行，在髋关节附近穿出腹壁，分布于股部外侧和膝关节前面的皮肤。

（三）荐神经的腹侧支

荐神经有 5 对，第 2 ～ 5 荐神经的腹侧支形成阴部神经和直肠后神经，同时第 1、第 2 荐神经腹侧支参与形成腰荐神经丛（图 23–1）。

1. 阴部神经

阴部神经来自第 2 ～ 4 荐神经腹侧支，沿着荐结节阔韧带内侧面走向后下方，分出皮支和会阴神经，主干绕过坐骨弓出盆腔。

（1）皮支　分布于股后部的皮肤。

（2）会阴神经　分布于尿道、肛门和会阴等。

（3）主干　在公牛延伸为阴茎背侧神经，分布于阴茎和包皮；在母牛则延伸为阴蒂背神经，分布于阴蒂和阴唇。

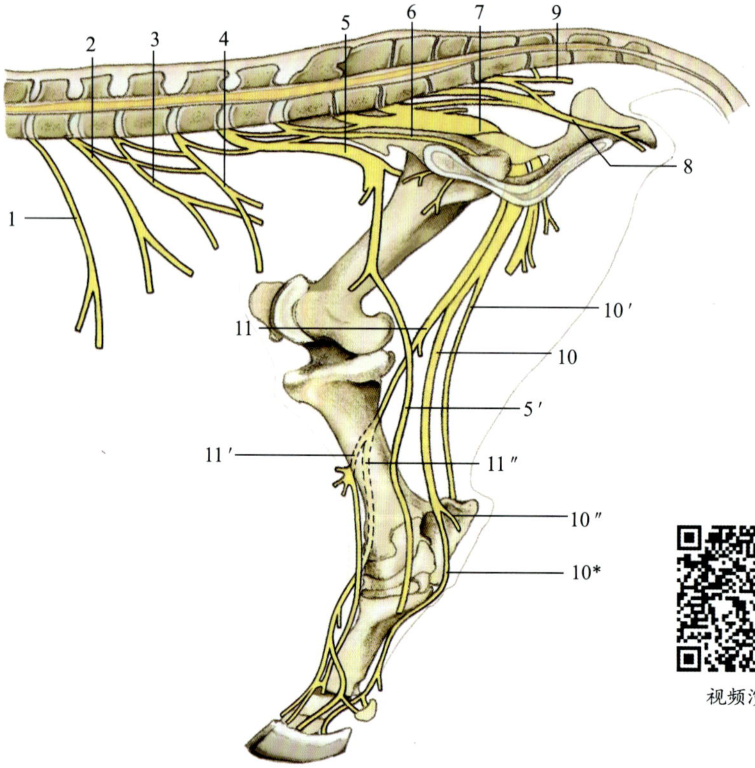

视频演示

图 23–1　牛腰荐神经分布模式图（内侧面）

1. 髂腹下神经　2. 髂腹股沟神经　3. 生殖股神经　4. 股外侧皮神经
5. 股神经　5′. 隐神经　6. 闭孔神经　7. 坐骨神经　8. 阴部神经
9. 直肠后神经　10. 胫神经　10′. 小腿跖侧皮神经
10″. 足底外侧神经　10*. 足底内侧神经　11. 腓总神经
11′. 腓深神经　11″. 腓浅神经

2. 直肠后神经

直肠后神经来自第4、第5荐神经腹侧支，通常有2支，均较细，沿荐结节阔韧带内侧面向后、向下延伸。在公牛分布于直肠和肛门，在母牛则分布于直肠、肛门和阴唇。还有细小分支分布到尾骨肌和肛提肌。

（四）腰荐神经丛

腰荐神经丛位于荐骨腹侧，由第4～6腰神经和第1、第2荐神经的腹侧支形成，主要分支包括臀前神经、臀后神经、闭孔神经、股神经和坐骨神经，分布于臀部和后肢。

1. 臀前神经

臀前神经来自第6腰神经和第1荐神经的腹侧支，与臀前动脉一起经坐骨大孔穿出盆腔，分支分布于臀肌群和阔筋膜张肌。

2. 臀后神经

臀后神经来自第1、第2荐神经腹侧支，经坐骨大孔出盆腔，沿荐结节阔韧带外侧向后延伸，分支分布于臀中肌、臀股二头肌、半腱肌和股后部的皮肤。

3. 闭孔神经

闭孔神经来自第4～6腰神经腹侧支，沿髂骨体内侧伸向后下方延伸，穿过闭孔，分支分布于闭孔内肌、闭孔外肌和股内侧肌群。

4. 股神经

股神经来自第4、第5腰神经腹侧支，在髂肌和腰大肌之间穿出，主干入股四头肌，并分出髂腰肌支和隐神经。隐神经在股管和小腿内侧下行，分支分布于缝匠肌、耻骨肌、股薄肌、膝关节以及小腿和跖内侧面的皮肤。

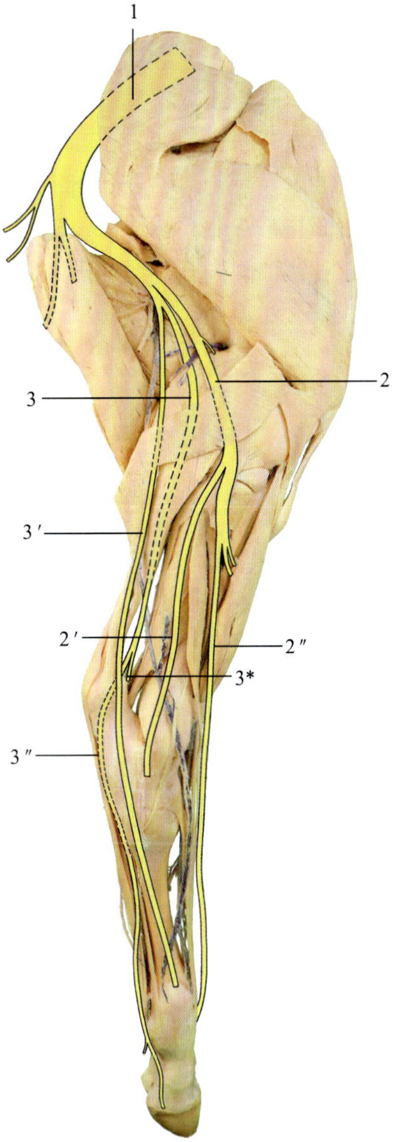

图23-2 牛右后肢外侧主要神经分布模式图

1. 坐骨神经 2. 腓总神经 2′. 小腿外侧皮神经 2″. 腓浅神经 3. 胫神经 3′. 小腿跖侧皮神经 3″. 足底外侧神经 3*. 足底内侧神经

5. 坐骨神经

坐骨神经为全身最粗大的神经，来自第6腰神经和第1、第2荐神经的腹侧支，经坐骨大孔出盆腔，沿着荐结节阔韧带的外侧向后延伸，经大转子与坐骨结节之间，绕过髋关节后方下行于股后部，约在股中部分为腓总神经和胫神经（图23-2）。同时，坐骨神经在臀部还分出肌支和股后皮神经。

（1）肌支　分布于闭孔肌、臀股二头肌、半腱肌和半膜肌。

（2）股后皮神经　起于坐骨神经起始部后缘，沿着荐结节阔韧带的外侧面向后延伸，与会阴神经或阴部神经的皮支相连，分布于股后部和会阴部的皮肤。

（3）腓总神经　在股中部与胫神经分开，沿着臀股二头肌和腓肠肌外侧之间向前下方延伸，先分出小腿外侧皮神经，至胫骨外侧髁下方分为腓浅神经和腓深神经。

①小腿外侧皮神经：分布于小腿外侧的皮肤。

②腓浅神经：在趾外侧伸肌和腓骨长肌之间的肌沟内下行，至腓骨长肌下端斜向前方，沿趾长伸肌后缘向下延伸，在跗部下方分为外、中、内3支。外侧支分布于第4、第5趾背侧，中支分布于第3、第4趾背侧，内侧支分布于第2、第3趾背侧（表23–1）。

③腓深神经：在起始部分出数条肌支至小腿背外侧肌群。主干在趾长伸肌的深面下行，在跖部与跖背侧动脉伴行，延续为第3趾背侧神经，末端与趾背侧第3总神经合并后，分为第3趾背轴侧固有神经和第4趾背轴侧固有神经。

表23–1 腓浅神经内、中、外支分支

腓浅神经	外侧支	趾背侧第4总神经	第5趾背侧固有神经
			第4趾背远轴侧固有神经
	中 支	趾背侧第3总神经	第4趾背轴侧固有神经
			第3趾背轴侧固有神经
	内侧支	趾背侧第2总神经	第3趾背远轴侧固有神经
			第2趾背侧固有神经

（4）胫神经 入腓肠肌两头之间，分出肌支，主干沿着小腿内侧沟向下，在跟结节下方分为足底内侧神经和足底外侧神经（表23–2）。同时，胫神经在起始部还分出小腿跖侧皮神经。

①肌支：分布于腘肌、比目鱼肌、腓肠肌、趾浅屈肌和趾深屈肌等。

②小腿跖侧皮神经：沿着小腿外侧沟下行，分布于小腿、跗部和跖部后外侧的皮肤。

③足底内侧神经：沿着趾浅屈肌肌腱内侧缘向下延伸，在系关节上方分为趾跖侧第2总神经和趾跖侧第3总神经，分别分布于第2、第3趾和第3、第4趾。

④足底外侧神经：沿着趾浅屈肌肌腱外侧缘下行，延伸为趾跖侧第4总神经，分布于第4、第5趾。

表23–2 胫神经足底内、外侧神经分支

胫神经	足底内侧神经	趾跖侧第2总神经	第2趾跖侧固有神经
			第3趾跖远轴侧固有神经
		趾跖侧第3总神经	第3趾跖轴侧固有神经
			第4趾跖轴侧固有神经
	足底外侧神经	趾跖侧第4总神经	第4趾跖远轴侧固有神经
			第5趾跖侧固有神经

【思考题】

1. 简述腰神经主要分支分布。
2. 简述荐神经主要分支分布。

【作业】

请手绘后肢神经的分布，并注释。

实验二十四 感觉器官和被皮

【教学目标】

1. 掌握眼球和耳的构造。
2. 掌握牛乳房的位置和结构。
3. 掌握牛蹄的形态构造。
4. 了解牛角的形态构造。

一、实验教具

1. 标本：牛耳标本、牛角标本、牛蹄标本和牛乳房标本。
2. 模型：眼和耳的模型。

二、实验内容

（一）眼球

眼球是视觉器官的主要部分，位于眼眶内，呈前、后略扁的球形，由眼球壁和内容物组成（图 24–1）。

1. 眼球壁

眼球壁包括 3 层结构，从外到内依次为纤维膜、血管膜和视网膜。

（1）纤维膜　由致密的结缔组织组成，厚而坚韧，具有保护眼球内部结构和维持眼球形状的作用。分为 2 部分，前面约 1/5 为角膜，后面约 4/5 为巩膜。

①角膜：呈圆形，无色透明，有折光作用，上皮有较强的再生能力。膜内无血管，但含有丰富的神经末梢，故感觉灵敏。

②巩膜：乳白色不透明，为较厚的纤维膜，后部有视神经自内穿出。其与角膜交界处深面有巩膜静脉窦，为眼房水流出的通道。

（2）血管膜　含有大量的血管和色素细胞，具有营养眼内组织的作用，并形成暗环境，利于视网膜的感光。血管膜由后向前分为脉络膜、睫状体和虹膜 3 部分。

①脉络膜：衬于巩膜内面，薄而柔软，呈棕色。在内面的视神经乳头上部有照膜（猪无照膜），为青绿色带金属光泽的三角形区。

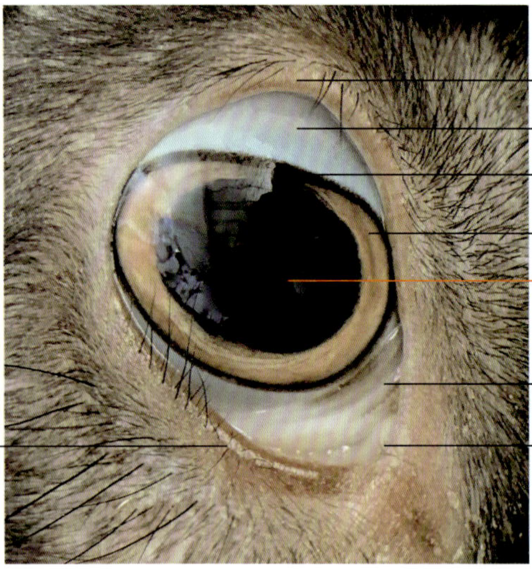

图 24-1 羊的眼

1. 上眼睑 2. 巩膜 3. 角膜 4. 虹膜 5. 瞳孔 6. 第三眼睑 7. 泪阜 8. 下眼睑

②睫状体：位于巩膜和角膜移行部的内面，是血管膜中部增厚的部分，呈环带形包于晶状体周围，形成睫状环。其内表面有许多突出并呈放射状排列的睫状突，借睫状小带与晶状体相连；外表面有睫状肌（平滑肌）。睫状肌收缩或舒张调节晶状体的形状变化，使远、近物聚焦视网膜上，具有调节视力的作用。睫状体还能产生眼房水。

③虹膜：位于血管膜的最前部，呈圆盘状，中央有瞳孔。虹膜富含血管、神经、平滑肌和色素细胞。虹膜的色彩因色素细胞多少和分布不同而有差异，如牛的虹膜呈暗褐色，绵羊的呈黄褐色，山羊、猪的呈蓝色或灰色。虹膜有瞳孔括约肌和瞳孔开大肌两种平滑肌，使瞳孔缩小或开大。猪的瞳孔为圆形，其他家畜为横椭圆形。

（3）视网膜 为衬于血管膜内面的一层薄膜，根据有无感光作用，分为视部和盲部。视部衬于脉络膜内面，盲部位于睫状体和虹膜的内面。在视部的后部有一视神经乳头，为盲点。盲点背外侧有一小圆形的视网膜中心，为感光最敏锐的区域。

2. 眼球的内容物

眼球内容物包括眼房水、晶状体和玻璃体，与角膜一起共同组成眼球的折光系统。

（1）晶状体 位于玻璃体与虹膜之间，呈双凸透镜状，无色透明，富有弹性，外面包有一弹性囊，周围借睫状小带连于睫状突。通过改变晶状体的形状，实现调节视力。其发生浑浊，称白内障。

（2）玻璃体 位于晶状体后面，为无色透明的胶状物，充满晶状体与视网膜之间，前方有容纳晶状体的晶状体窝。其具有折光性和支持视网膜的作用。

（3）眼房和房水 眼房位于晶状体和角膜之间，被虹膜分为前房和后房，两房借瞳孔相通。房水为无色透明液体，充满于眼房内。房水具有营养角膜和晶状体，维持眼压及良好的折光的作用。如果房水排泄不通，眼内压升高，称青光眼。

（二）耳

耳为听觉和平衡觉感受器，分为外耳、中耳和内耳 3 部分（图 24-2）。

1. 外耳

外耳包括耳廓、外耳道和鼓膜3部分。

（1）耳郭　由耳郭软骨构成支架，内、外两面被覆皮肤。形态上包括两个面（背面、耳舟）、两个缘（前缘、后缘）、耳郭尖和耳郭根（耳郭基部）。牛耳郭基部周围有脂肪垫，并附有多块耳郭外肌和内肌，能使耳郭活动灵活，有利于收集声波。

（2）外耳道　为耳郭基部到鼓膜的管道，包括软骨性外耳道和骨性外耳道两部分。软骨性外耳道外侧端与耳郭软骨相连，内侧端以致密结缔组织与骨性外耳道相接。在软骨性外耳道内面皮肤有皮脂腺和特殊的耵聍腺。骨性外耳道为颞骨岩部的外耳道，呈漏斗状，内有鼓膜环沟，鼓膜嵌入其中。

（3）鼓膜　为一片卵圆形的半透明膜，坚韧而有弹性，介于外耳和中耳之间。

2. 中耳

中耳包括鼓室、听小骨和咽鼓管3部分。

（1）鼓室　是颞骨岩部和鼓部内的腔体，内面被覆黏膜，包括鼓室上隐窝、固有部和腹侧部3部分。其外侧壁为鼓膜；内侧壁为骨质壁或迷路壁，与内耳为界；前壁为颈动脉壁；顶壁为盖壁；后壁为乳突壁；底壁为颈静脉壁。内侧壁上有岬，岬的前方有前庭窗，后下方有蜗窗。在前壁有咽鼓管鼓口通咽鼓管。

（2）听小骨　有3块，由外向内依次为锤骨、砧骨和镫骨，其中锤骨柄附着于鼓膜上，镫骨底和环状韧带附着于前庭窗。听小骨彼此借关节形成听骨链，鼓膜的振动，引起3块听小骨的连串运动，末端的镫骨底在前庭窗来回摆动，将声波的振动传入内耳。

（3）咽鼓管（耳咽管）　为连接鼻咽部与鼓室的短管道，起自鼓室而开口于咽腔。外壁由软骨和骨质构成，内面被覆黏膜。鼓室口在鼓室的前部，咽口位于咽的侧壁。空气经该管

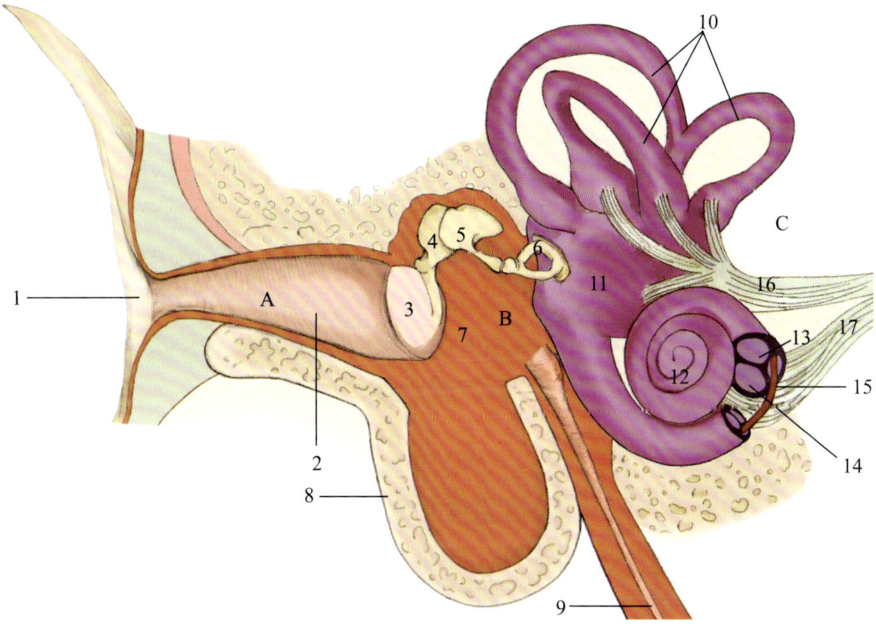

图24-2　耳的构造模式图

A. 外耳　B. 中耳　C. 内耳　1. 耳郭　2. 外耳道　3. 鼓膜　4. 锤骨　5. 砧骨　6. 镫骨　7. 鼓室　8. 鼓泡　9. 咽鼓管　10. 半规管　11. 前庭　12. 耳蜗　13. 前庭阶　14. 鼓阶　15. 蜗管　16. 前庭神经　17. 耳蜗神经

进入鼓室，使得鼓室与外耳道的大气压相等，以维持鼓膜内、外两侧大气压的平衡，防止鼓膜被冲破。

3. 内耳

内耳位于颞骨岩部内，由骨迷路和膜迷路组成。膜迷路内充满内淋巴，膜迷路与骨迷路间充满外淋巴。

（1）骨迷路　分为前庭、骨半规管和耳蜗 3 部分。

①前庭：为小而不规则的卵圆形腔，位于骨半规管与耳蜗之间，前方以 1 个孔与耳蜗相通，后方借 4 个小孔与 3 个骨半规管相通，外侧壁上有前庭窗和蜗窗，内侧壁内有球囊隐窝和椭圆囊隐窝。

②骨半规管：为 3 个彼此互相垂直的半环形骨管，位于前庭的后背侧，以 4 个孔开口于前庭，按位置分别为前半规管、后半规管和外半规管。每个半规管呈弧形，细端为单骨脚，粗端为壶腹骨脚。壶腹骨脚膨大部为骨壶腹。前半规管的内端与后半规管上端合并成总骨脚，前半规管和外侧半规管的壶腹端有一总口。

③耳蜗：为骨迷路的前部，形似蜗牛，位于前庭的前下方，由蜗轴和蜗螺旋管组成。蜗螺旋管绕蜗轴 3.5 圈，起始端通前庭，盲端位于蜗顶。骨螺旋板自蜗轴发出伸入蜗螺旋管内，将蜗螺旋管不完全的分隔为前庭阶和鼓阶两部分。前庭阶起始于前庭窗，鼓阶起始于蜗窗，二者均充满外淋巴。

（2）膜迷路　套于骨迷路内，由椭圆囊、球囊、膜半规管和膜耳蜗管 4 部分组成。

①椭圆囊：位于前庭的椭圆囊隐窝内，向后与 3 个膜半规管相通，向前与球囊相通。在其外侧壁上有增厚的椭圆囊斑，为平衡觉感受器。

②球囊：位于前庭的球囊隐窝内，一端与椭圆囊相通，另一端与耳蜗管相通。在其内侧壁上有增厚的球囊斑，为平衡觉感受器。

③膜半规管：套于骨半规管内，形状与骨半规管相似。膜半规管开口于椭圆囊；膜壶腹内侧壁上有壶腹嵴，为平衡觉感受器。

④耳蜗管：为一螺旋管，位于耳蜗内，一端与球囊相通，另一端止于蜗顶。耳蜗管横切面呈三角形，顶壁为前庭壁，外侧壁为增厚的骨膜，底壁为鼓壁。在耳蜗管的基底膜上有螺旋器（柯蒂器），为听觉感受器。声波经一系列途径传到耳蜗后，由耳蜗管内的螺旋器将其转化为神经冲动，再经前庭耳蜗神经的耳蜗支传到脑，而产生听觉。

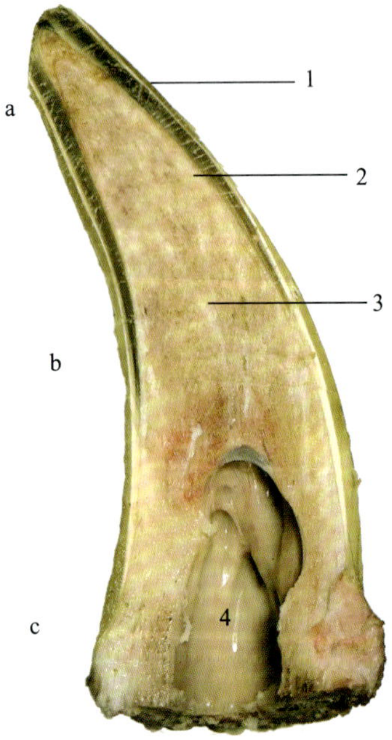

图 24-3　牛角纵切面

a. 角尖　b. 角体　c. 角基　1. 表皮
2. 真皮　3 角突　4. 角腔

（三）角

角由表皮和真皮构成，套在反刍动物额骨两侧的角突上，为动物的防卫器官。角表皮高度角质化，由角质小管和管间角质构成。角真皮位于角表皮的深层，与额部皮肤真皮相延续，无皮下组织，直接与角突的骨膜紧密结合。角形态与角突相一致，可分为角基、角体和角尖 3 部分（图 24-3），在角的表面可见有环形的角轮。

（四）蹄

蹄是指（趾）端着地的部分，由皮肤衍生而成。牛、羊、猪为偶蹄动物，每肢的指（趾）端有 4 个蹄；马为奇蹄动物，每肢的指（趾）端只有 1 个蹄。牛蹄包括主蹄和悬蹄，第 3、第 4 指（趾）蹄为主蹄，第 2、第 5 指（趾）蹄为悬蹄。

1. 主蹄

主蹄形状与远指（趾）节骨相似，呈三面棱锥形。按部位分为蹄缘、蹄冠、蹄壁、蹄底和蹄枕 5 部分。蹄由蹄匣（表皮）、肉蹄（真皮）和皮下组织构成（图 24-4）。

（1）蹄匣　为蹄的表皮（角质层），质地坚硬，由外层、中层和内层组成。外层为釉层，由角质化扁平细胞组成；中层为冠状层，厚、坚固，富有弹性，由许多纵行排列的角质小管和管间角质组成；内层为小叶层，由许多纵行排列的角质小叶组成。根据位置，蹄的表皮分为蹄缘表皮、蹄冠表皮、蹄壁表皮、蹄底表皮和蹄枕表皮 5 部分。以蹄底表皮与蹄壁表皮底缘之间的白带作为装蹄铁时下钉的标志。

（2）肉蹄　为蹄的真皮层，富含血管和神经，呈鲜红色，其形态与蹄匣相似，分为蹄缘真皮、蹄冠真皮、蹄壁真皮、蹄底真皮和蹄枕真皮 5 部分。

（3）皮下组织　蹄缘和蹄冠部的皮下组织薄；蹄壁和蹄底无皮下组织；蹄枕的皮下组织发达，弹性纤维丰富，构成指（趾）端的弹性结构。

2. 悬蹄

悬蹄呈短圆锥状，不与地面接触，结构与主蹄相似，也由蹄匣、肉蹄和皮下组织形成。

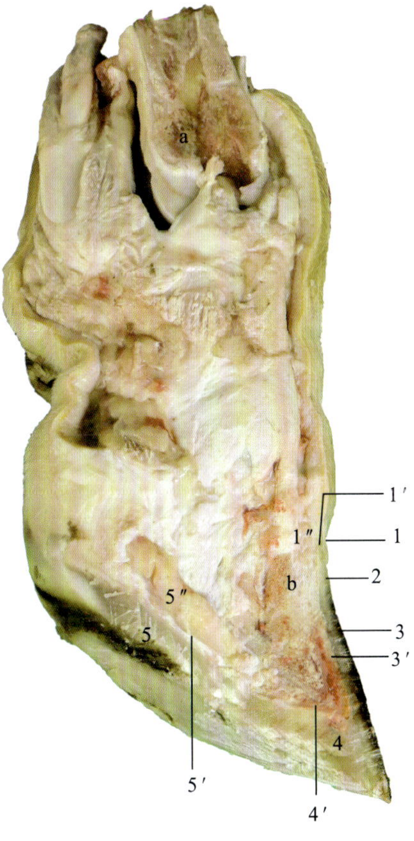

图 24-4　牛蹄矢状面观

a. 近指节骨　b. 远指节骨　1. 蹄缘表皮　1′. 蹄缘真皮　1″. 蹄缘皮下组织　2. 蹄冠表皮　3. 蹄壁表皮　3′. 蹄壁真皮　4. 蹄底表皮　4′. 蹄底真皮　5. 蹄枕表皮　5′. 蹄枕真皮　5″. 蹄枕皮下组织

（五）乳腺

乳腺为哺乳动物特有的皮肤腺，为复管泡状腺，在功能和发生上属于汗腺的特殊变形。母畜乳腺充分发育，具有泌乳能力，并形成发达的乳房。

1. 位置

牛的乳房位于耻骨区，并延伸至骨盆的腹侧、两股之间。

2. 形态构造

牛的乳房通常呈半圆形，分为基部、体部和乳头部 3 部分。牛乳房共有 4 个乳丘，每个乳丘上有 1 个乳头，每个乳头有 1 个乳头管的开口。有时乳房的后部有 1 对副乳头。

3. 结构

乳房由皮肤、筋膜和实质组成（图 24–5）。

（1）皮肤　乳房的皮肤薄而柔软，除乳头外，均有一些稀疏的短毛。乳房后部与阴门之间有线状毛流的皮肤纵褶为乳镜。

（2）筋膜　在皮肤深层，分为浅筋膜和深筋膜。浅筋膜由疏松结缔组织构成，使乳房皮肤有活动性，在乳头皮肤下无浅筋膜。深筋膜富含弹性纤维，包在整个乳房的内、外表面，由内、外侧板组成，形成乳房的悬吊装置。两侧乳房的内侧板形成乳房悬韧带，将乳房悬吊在腹白线的两侧，并形成乳房中隔，将乳房分为左、右两半。

（3）实质　深筋膜的结缔组织伸入实质，将实质隔成许多腺小叶。每个腺小叶由分泌部和导管部构成。分泌部包括腺泡和分泌小管，其周围含有丰富的毛细血管网。导管部为排乳的通道，包括小叶内导管、小叶间导管、输乳管、乳道、腺乳池和乳头管。

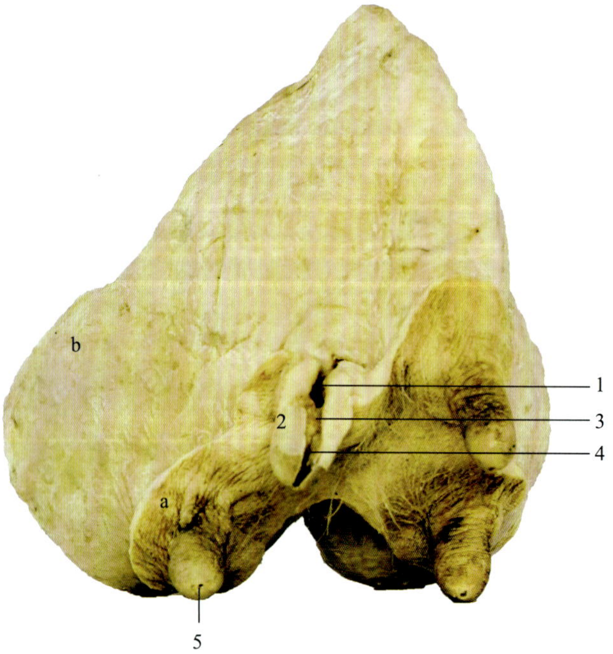

图 24–5　牛乳房（塑化标本）

a. 皮肤　b. 实质（筋膜包裹）　1. 腺乳池　2. 乳头　3. 乳头乳池　4. 乳头管　5. 乳头小孔

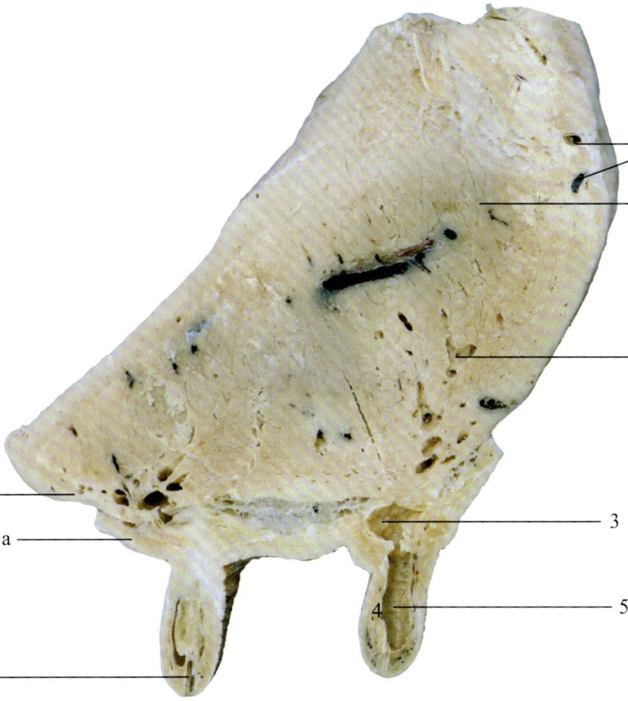

图 24-6 牛乳房切面（塑化标本）

a. 皮肤 b. 筋膜 c. 乳腺小叶 1. 乳房前动脉和静脉 2. 输乳管 3. 腺乳池 4. 乳头 5. 乳头乳池 6. 乳头管

【思考题】

1. 讨论和分析白内障产生的原因。
2. 结合耳的结构，讨论和分析听觉产生的过程。
3. 结合蹄的结构，简述如何进行修蹄和安装蹄铁。
4. 简述牛乳房的结构并指出乳镜的位置。

【作业】

请手绘眼的形态构造，并注释。

第二部分

动物解剖学实习

实习一 猪的解剖

【教学目标】

1. 掌握猪的解剖方法。
2. 掌握猪体腔内的内脏器官的形态构造和位置。
3. 了解常用淋巴结的形态和位置。

视频演示

一、材料及器具

1. 实验动物：成年健康猪 1 头。

2. 实验设备：烟毛机、电麻机、电热水炉。

3. 解剖器械及辅助材料：剔骨刀、手术剪、手术刀、镊子、止血钳、刮毛刀各 3～4 把，棉线若干条，塑料盆若干个，砍刀 1 把，生理盐水 2 L 等。

二、注意事项

实验前，做好预习，熟悉实验步骤和相关知识，保证实验的顺利进行。实验过程中，做好个人防护，全程穿戴好实验服和手套；正确地使用相关器械，特别是手术刀，以免误伤自己和他人；大型设备未经老师培训和允许，禁止操作。实验结束后的实验动物及其附属品禁止私自带离或随意丢弃，经统一包装后进行无害化处理。

三、方法与步骤

1. 动物解剖前准备

进行动物解剖之前，需对动物进行保定、放血和烟毛，烟完毛后洗净猪体，再进行动物的解剖学习。

（1）保定　将猪赶入电麻间，电麻之前先将猪淋浴充分，然后由老师负责操作电麻机。将猪电麻击晕后，迅速将猪从电麻间拉至解剖台，加以保定再进行放血。

（2）放血　放血前，将猪的头部伸出解剖台外，然后持解剖尖刀插入胸前口气管右侧的皮肤浅窝中，刀尖指向对侧（左侧）的髋结节。一般刀尖插入 20 cm 左右，刀旋转一定角度拔出，可割破胸腔前部气管腹外侧的臂头动脉干和前腔静脉等血管，并用盛有生理盐水的盆接血。

（3）煺毛　可以选择人工煺毛或机械煺毛。

①人工煺毛：待血放尽，先将猪做趴姿，然后用沸水淋猪体（如将猪水浴，水温约 62 ℃），从头部至尾根来回匀速淋 3 ～ 4 次，待用手较容易地拔出毛即可用刮毛刀顺毛的方向进行煺毛。待背部毛煺完后，依次将猪体翻转仰卧、左侧卧、右侧卧，按上述相同的方式进行操作。煺毛结束后，洗净猪体，然后进行解剖。

②机械煺毛：待血放尽，将猪体放入水温约 62 ℃的水浴池中水浴 2 ～ 3 min，其间翻动猪体，使之受热均匀。当猪毛可以用手拔下，即可判定水浴充分，然后由老师操作煺毛机将猪体放入机器进行自动煺毛。煺毛结束后，洗净猪体，然后进行解剖。

2. 淋巴结的观察

在切开胸腹腔之前，先触摸浅层淋巴结的位置和形态。在观察体腔内各脏器时，注意观察深层或内脏淋巴结的位置和形态。淋巴结呈灰白色或淡黄色，不分叶。

（1）浅层淋巴结的观察

①腮腺淋巴结：位于颞下颌关节腹侧、咬肌的后缘，部分或完全被腮腺覆盖，通常有 2 ～ 8 个。

②下颌淋巴结：位于下颌骨角内侧，通常有 2 ～ 6 个。

③颈浅背侧淋巴结：位于肩关节前上方，被颈斜方肌和肩胛横突肌所覆盖，通常为一卵圆形的淋巴结团块。

④髂下淋巴结：较浅，位于膝关节与髋结节连线中点、阔筋膜张肌的前缘，有 1 ～ 6 个。

⑤腹股沟浅淋巴结：在公猪为阴囊淋巴结，在母猪为乳房淋巴结。位于最后 1 对乳头后方的皮下；如有副乳头，则在倒数第 2 对乳头后方皮下。

⑥腘浅淋巴结：位于膝关节后方的皮下，在臀股二头肌与半腱肌之间的沟中，腓肠肌的跖背侧。

（2）深层或内脏淋巴结的观察

①髂内侧淋巴结：位于髂外动脉和髂外静脉起始处附近，有 2 ～ 6 个。

②空肠淋巴结：位于空肠系膜内，后段空肠系膜中的淋巴结较多，可达 20 ～ 30 个，形成淋巴结群。

③肝淋巴结：位于肝门附近，有 2 ～ 7 个。

3. 头颈部器官的观察

（1）头部器官的观察　观察口腔、唾液腺、鼻和脑的形态构造。可见猪鼻前端与上唇形成吻突。打开口腔，依据齿弓辨别口腔前庭和固有口腔，观察成年猪的齿式和齿龈，以及舌的形态特点，同时观察硬腭表面正中的腭缝和两侧的腭褶，硬腭后方连接软腭，软腭的口腔面正中线两侧各有一卵圆形的腭扁桃体。将下颌骨体之间的下颌间隙的皮肤沿正中线切开，并剥离头部皮肤，在耳根的下方、下颌骨的后缘，可见三角形的腮腺，呈淡黄色；在腮腺深面和下颌支内侧有颌下腺，呈肉红色和扁圆形，颌下腺前端外侧有淡黄色下颌淋巴结。在舌体口腔底的黏膜下，可见分散呈片状的舌下腺。实验末期，用刀沿耳根和下颌骨后缘的肌肉切开，寰枕关节不易切断，只需将猪头转动，边转边切，直至能分割头部。用砍刀沿头部正中打开或用锯子锯开，暴露鼻腔和颅腔，观察鼻腔、脑膜和脑的形态构造。

（2）眼球的观察　小心将眼球从眼眶取出，将附着在眼球壁上的眼球肌等剥去，可见一球形的结构，后方有视神经穿出。整体观察眼球形态后，逐层切开眼球壁，观察眼球的内部构造。眼球壁由外而内依次为纤维膜、血管膜和视网膜。纤维膜包括前 1/5 白色透明的角膜和后 4/5 乳白色不透明的巩膜。血管膜由前向后分为虹膜、睫状体和脉络膜，其中猪的虹膜呈蓝色。视网膜分视部和盲部。切开眼球壁后，可看到双凸透镜状的晶状体和无色透明胶冻样的玻璃体，眼房内含有房水。

（3）颈部器官的观察　沿颈部腹侧正中线切开皮肤和皮下脂肪，可见胸骨甲状舌骨肌。在喉后方两侧可见红褐色的甲状腺。沿气管背外侧，可见颈总动脉、颈内静脉、白色的迷走交感神经干一起伴行。在颈部气管的两侧至胸腔纵隔前部，可见黄白色的胸腺。注意观察气管与食管在颈部的位置。

4. 开膛

观察完浅层淋巴结和头颈部器官后，剖开胸腹腔，对体腔内的脏器进行观察。将猪仰卧，沿腹侧正中线，先切皮肤和皮下组织，可观察到腹白线，最后在耻骨前缘的腹白线上小心开一切口至腹膜腔。将左手食指和中指插入腹膜腔中，掌心向外，右手持钝头手术剪，左手背抵着内脏，手术剪在左手两指间缓慢向前推进，止于剑状软骨处。开胸腔时，可用砍刀将胸骨砍开。开骨盆腔时，可沿骨盆联合隆起处的中线切开，并分离连在骨盆内壁上的器官。注意避开包皮憩室和阴囊，不可将其切破。

5. 整体观察体腔内各器官的位置和形态

打开体腔后先整体观察各器官的位置和形态。

（1）胸腔内的脏器整体观察　胸腔被纵隔分为左、右两个腔，分别容纳左肺和右肺。注意观察心的位置、胸膜壁层和脏层的分布、胸膜腔形态以及纵隔的构成。纵隔由两侧的纵隔胸膜及夹于其中的心包、心、气管、食管、出入心的大血管（除后腔静脉外）等构成。可切开心包，观察心包腔及腔内的心包液。

（2）腹腔内的脏器整体观察　切开腹腔首先观察到大网膜和后部的肠管，把大网膜剥开后可暴露腹腔内的脏器。腹腔与胸腔以膈为界，膈由肌质部和中心腱构成，并有主动脉裂孔、食管裂孔和后腔静脉裂孔 3 个裂孔。膈后方为肝，肝后方为横卧的胃。脾位于胃的左侧，并被包在大网膜中。肝、胃、脾位于腹腔前部，腹腔后部的左侧为圆锥状的结肠旋袢，右侧主要是空肠。翻动肠管，可见腰部背侧有肾脏，左、右各 1 个，以输尿管连至膀胱，肾的内前方可见肾上腺。膀胱尿多的时候，位于骨盆前口；尿少时，缩进骨盆腔。轻微翻动膀胱和骨盆前口的肠管，可见卷曲的子宫角和卵巢，注意观察卵巢的形态。

（3）骨盆腔内的脏器整体观察　公猪的骨盆腔背侧为直肠，腹侧为膀胱、尿生殖道盆部、副性腺（已阉割的公猪副性腺萎缩）。母猪的骨盆背侧为直肠，直肠腹侧为子宫体、阴道、阴道前庭，子宫体腹侧为膀胱，尿道短并开口于阴道前庭。

6. 内脏器官形态构造的观察

将舌连着食管附带喉和气管从口腔取出，从颈部将气管和食管提起，并用刀沿椎骨腹侧切断气管和食管与躯干连接的血管和组织，断离膈与胸腹壁的连接以及骨盆腔内壁与腔内脏器的连接，之后即可将内脏全部取出。在分离脏器与躯干连接之前，提前做好食管、气管的前端以及直肠末端的结扎，在肛门和阴门周围做皮肤环切。

（1）公猪生殖器官的观察　公猪生殖器官包括睾丸、附睾、输精管、尿生殖道、阴茎、副性腺、阴囊和包皮等。

①阴囊、睾丸、附睾、精索和输精管的观察：阴囊位于股后方、肛门的腹侧；切开阴

囊，注意观察阴囊壁总鞘膜、固有鞘膜、鞘膜腔和鞘膜管的构造。睾丸较大，呈椭圆形，斜位于阴囊中，前背缘有附睾附着；沿长轴做睾丸矢状切面，看到切面正中形成睾丸纵隔，并发出睾丸小隔将实质隔成多个睾丸小叶。观察精索的形态构造以及输精管移行路径。精索为一扁平的索状结构，外包以固有鞘膜，基部附着于睾丸和附睾，顶端达腹股沟管内口。输精管起始于附睾尾，向上汇入精索，沿腹股沟管进入腹腔，继续向腹腔后上方移行，进入盆腔并开口于尿道起始部背侧。

②副性腺、阴茎和包皮的观察：尿生殖道盆部背侧有精囊腺、前列腺和尿道球腺，其中尿道球腺特别发达，呈圆柱状。猪阴茎有乙状弯曲，阴茎头尖而细，呈螺旋状。包皮长，位于腹底壁，包皮口周围有长毛，包皮腔背侧形成包皮憩室。睾丸阉割后，生殖器官萎缩，特别是副性腺萎缩。

（2）母猪生殖器官的观察　母猪生殖器官包括卵巢、输卵管、子宫、阴道、阴道前庭和阴门。

①卵巢和输卵管的观察：卵巢以卵巢系膜系于骨盆前口，接近性成熟母猪的卵巢表面有很多突起的小卵泡，似桑葚，被卵巢囊所包裹；性成熟的母猪卵巢表面卵泡、黄体突出，呈不规则的结节状或葡萄状。输卵管包括漏斗部、壶腹部和峡部，在漏斗部形成输卵管伞。

②子宫的观察：子宫以子宫阔韧带悬挂在腰下部和骨盆内，其包括子宫角、子宫体和子宫颈 3 部分。猪子宫角长，似肠袢，外表面常有纵纹，管壁比小肠的厚；子宫体短；子宫颈长，黏膜有子宫颈枕，无子宫颈阴道部。注意观察在子宫阔韧带内经过的血管和输尿管。

③阴道、阴道前庭和阴门的观察：子宫颈向后接阴道，阴道向后接阴道前庭。可切开子宫颈、阴道和阴道前庭管壁，观察黏膜结构。阴道黏膜形成纵褶，与阴道前庭交界处有一环形的阴瓣。阴道前庭黏膜形成两对纵褶，在阴瓣后方的底壁上有尿道外口。阴门由左、右阴唇构成，腹侧可见细长阴蒂，突出阴蒂窝。阉割卵巢后的母猪，子宫逐渐萎缩。

（3）泌尿器官的观察　泌尿器官包括肾、输尿管、膀胱和尿道。

①肾的观察：猪肾位于腰椎椎体的两侧，包在脂肪囊中。剥离脂肪，取出肾，进一步剥离肾表面的被膜。猪肾为光滑的多乳头肾，内侧凹处为肾门。做肾的矢状切面，观察肾的皮质部（淡褐色）、髓质部（深红色）以及肾锥体、肾乳头、肾小盏、肾大盏、肾盂等构造。

②输尿管、膀胱和尿道的观察：可见从肾门出来的输尿管连至膀胱颈的背侧。膀胱较大，呈椭圆形或球形，包括膀胱颈、膀胱体和膀胱顶 3 部分，可切开膀胱颈背侧的膀胱壁，观察黏膜和输尿管开口的特点。公猪的尿道较长，分为尿生殖道盆部和尿生殖道阴茎部，尿生殖道盆部以尿道内口接膀胱颈，尿生殖道阴茎部以尿道外口通体外，尿道外口位于阴茎头的腹外侧。尿生殖道盆部背侧有副性腺，尿生殖道阴茎部位于阴茎腹侧的尿道沟内，可做尿生殖道盆部和阴茎的横断面，观察内部构造。母猪的尿道较短，尿道外口开口于阴道前庭。

（4）心的观察　将心与肺之间的血管以及连接的其他组织切断，分离出心。观察心的外部形态，通过做心的矢状切面观察内部构造。外形有心房、心室、心基、心尖、两面、两缘、冠状沟、室间沟及沟内的血管。左、右心室腔都分为流入道和流出道；左心室入口（左房室口）有二尖瓣附着，出口（主动脉口）有 3 块袋状的主动脉瓣附着；右心室入口（右房室口）有三尖瓣附着，出口（肺动脉口）有 3 块袋状的肺动脉瓣附着；心室内壁有隆起的乳头肌，尖瓣有腱索附着并固定于乳头肌上；隔缘肉柱从室间隔跨过室腔连于侧壁；左心室肌明显厚于右心室肌。左心房分为前、后两部分，右心房分为窦部和固有心房两部分，左、右心房壁内面可见有梳状肌。识别从心基发出的各血管。

（5）呼吸器官的观察　呼吸器官包括鼻、咽、喉、气管和肺等。

①鼻、咽、喉和气管的观察：实验末期，用砍刀将一侧鼻腔暴露，观察鼻中隔和鼻腔内的上鼻甲、中鼻甲（最大的筛鼻甲）、下鼻甲、鼻道及鼻黏膜。鼻道包括上、中、下鼻道以及总鼻道。鼻黏膜包括呼吸区和嗅区两部分。咽包括鼻咽部、喉咽部和口咽部3部分。将喉和气管与舌和颈胸段的食管分开，观察喉的形态构造。喉由甲状软骨、会厌软骨、勺状软骨和环状软骨4种软骨构成支架，表面有喉肌附着，在喉侧壁内侧有声带。气管分为左、右主支气管入左、右肺之前，先分出气管支气管入右肺前叶，气管环缺口两端重叠或互相接触。

②肺的观察：肺左、右各1个，呈粉红色，每侧肺有3个面和3个缘。3个面分别是肋面、膈面和内侧面，内侧面有心压迹和肺门；3个缘分别是背侧缘、腹侧缘和底缘。左肺分为前叶、中叶和后叶，右肺分为前叶、中叶、后叶和副叶。

（6）消化器官的观察　消化器官包括口腔、咽、食管、胃、十二指肠、空肠、回肠、盲肠、结肠、直肠、肛门、肝和胰等。

①舌和食管的观察：舌长而窄，可见舌尖和舌体背面有许多柔软的丝状乳头和白色的菌状乳头，舌体后部正中线两侧各有1个轮廓乳头，舌体后部两侧各有5～6个小叶组成的叶状乳头，舌根部有圆锥状乳头。食管短而直，前接咽，后端穿过膈与胃贲门连接。

②胃和肠的观察：猪胃呈U形囊状，可分为胃憩室、胃底、胃体和幽门部4部，胃大弯凸，胃小弯凹，入口为贲门，出口为幽门，幽门有幽门圆枕。十二指肠接幽门，包括前部、降部和升部，有胆总管和胰管的开口。空肠肠管最长，有半环状弯曲，肠系膜也较长。回肠短、直、厚，除有肠系膜外，与盲肠间还有回盲韧带。盲肠呈圆筒状，表面3条肠带和3列肠袋。结肠可分为升结肠、横结肠和降结肠。升结肠呈倒立的圆锥状，包括结肠旋袢、结肠终袢，结肠旋袢又分为向心回和离心回。向心回管径粗大，表面有2条肠带和2列肠袋；离心回管径细，表面无肠带和肠袋。直肠有稍大的壶腹。

实验末期，将贲门口的食管和幽门口的十二指肠进行结扎，切断胃与肝、肠等的连接，将胃单独取出。沿胃大弯将胃切开，掏空胃内容物，洗净观察胃黏膜。可见贲门附近有一小区域黏膜呈白色，为猪胃的无腺区。其余黏膜呈绒毯状为有腺区。有腺区分为贲门腺区、胃底腺区和幽门腺区。胃底腺区位于胃大弯中部，呈棕红色；贲门腺区位于无腺区与胃底腺区间，呈淡红色；幽门腺区位于胃底腺区和幽门之间，呈灰红色至黄色。

③肝和胰的观察：肝中央厚、周缘薄，有胆囊，胆总管开口于距幽门2～5 cm处的十二指肠大乳头。肝分叶明显，分为左外叶、左内叶、中叶、右外叶和右内叶，中叶又分方叶和尾状叶。肝小叶清晰可见。胰位于十二指肠旁，呈三角形，灰黄色，分左叶、胰体和右叶。右叶尾有胰管开口于距幽门10～12 cm处的十二指肠小乳头。

（7）内分泌器官的观察　猪的垂体较小，位于脚间窝，以漏斗与下丘脑相连。甲状腺位于第1～2气管环的腹侧，腺峡与左、右两叶连成一个整体。肾上腺位于肾前内侧，长而窄，表面有沟。松果体为红褐色卵圆形小体，位于四叠体与丘脑之间。

（8）脾脏的观察　猪脾脏狭而长，上宽下窄，呈暗红色，质地较软，以胃脾韧带与胃大弯相连。脾表面覆有被膜，实质包括白髓和红髓。做脾脏的断面，观察断面的构造。

（9）神经器官的观察　观察脑和脊髓的形态构造。

①脑的观察：用砍刀小心将颅腔打开，然后观察脑膜和脑的形态构造。脑膜包括脑软膜、脑蛛网膜和脑硬膜 3 层。脑硬膜伸入大脑纵裂形成大脑镰，伸入大脑横裂形成小脑幕，围于脑和垂体之间形成鞍隔。脑包括大脑、小脑、延髓、脑桥、中脑和间脑。从脑腹侧面观察脑神经根、延髓锥体、脑桥基底、大脑脚、乳头体、灰结节、垂体、视交叉、视束、嗅球等结构。做脑的横切面或矢状切面，观察胼胝体、侧脑室、透明隔、丘脑、第三脑室、第四脑室、灰质、白质等结构。

②脊髓的观察：用砍刀从脊柱腹侧正中切开，小心将脊髓取出，观察脊髓被膜和脊髓的形态构造。脊髓被膜包括脊软膜、脊蛛网膜和脊硬膜 3 层。脊髓全长大小不一致，有颈膨大和腰膨大两个膨大，末端形成脊髓圆锥。脊髓两侧发出成对的脊神经根，末端的脊神经形成马尾。观察背侧根和腹侧根之间的区别。

四、实验善后

实验结束后，做好场地、解剖器械的整理、清洁和消毒工作，将实验动物及附属品包装好，进行无害化处理。

五、实习总结

梳理实验步骤和知识点，结合图片，撰写实习报告。

实习二 牛（羊）的解剖

【教学目标】

1. 掌握牛（羊）的解剖方法。
2. 掌握牛（羊）各系统主要器官的形态构造和位置。

视频演示

一、材料及器具

1. 实验动物：健康犊牛或健康成年羊 1 头。
2. 实验设备：电麻机、电热水炉。
3. 解剖器械及辅助材料：剔骨刀、手术剪、手术刀、镊子、止血钳、刮毛刀各 3～4 把，棉线若干条，塑料盆若干个，砍刀 1 把，骨剪 1 把，生理盐水 2 L 等。

二、注意事项

实验前，做好预习，熟悉实验步骤和相关知识，保证实验的顺利进行。实验过程中，做好个人防护，全程穿戴好实验服和手套；正确地使用相关器械特别是手术刀，以免误伤自己和他人；大型设备未经老师培训和允许，禁止操作。实验结束剩下的实验动物及其附属品禁止私自带离或随意丢弃，经统一包装后进行无害化处理。

三、方法与步骤

1. 动物解剖前准备

进行动物解剖之前，需对动物进行放血和剥皮，剥皮后，进行动物的解剖学习。

（1）放血　将牛（羊）电麻击晕后，迅速进行保定，然后将牛（羊）侧卧，用尖刀插入胸前口放血，并用盛有生理盐水的盆接血。

（2）剥皮　将动物仰卧，自下颌间隙正中至颈、胸、腹的正中线切开皮肤，切口经过包皮、阴囊、肛门等处时，迂回而过。在前肢和后肢的系部做环状切口，然后在前脚的前面和后脚的后面切开皮肤，当切口通过前肢的腕部和后肢的跟结节以后，切开线转向前臂部和小腿部的内侧面，直至切开线与胸腹部的正中切开线相交为止。沿各切口的皮下组织剥离皮肤，剥皮时注意勿切破皮肤和肌肉。如果对羊进行燎毛，可以参考猪的燎毛方法，但羊毛用刀具较难燎毛，可以人工拔去大部分羊毛后，再用刀具进一步燎毛。

2. 表层肌肉的观察

选择剥皮，则进行表层肌肉的观察。如果是煺毛，则进行与猪解剖中的淋巴结观察内容相似。

（1）浅筋膜和皮肌的观察　牛（羊）浅筋膜较薄，是位于皮下的疏松结缔组织。有些部位的浅筋膜分为两层，两层间夹有皮肌。其中较为明显的为头部皮肌、肩臂皮肌和躯干皮肌。观察完后，将浅筋膜和皮肌剥去，便于观察肌肉。

（2）头颈部肌的观察　观察头部的咬肌、颊肌、鼻唇提肌、颧骨肌、颧肌、上唇提肌、犬齿肌、上唇降肌、下唇降肌、下颌舌骨肌等的位置和形态。为方便观察颈部和前肢的肌肉，可以将一侧的斜方肌、菱形肌、腹侧锯肌、胸浅肌、胸深肌、臂头肌、肩胛横突肌、臂神经丛、腋动脉、腋静脉等与前肢分开。观察颈部的斜方肌、夹肌、菱形肌、臂头肌、胸头肌、胸骨甲状舌骨肌、肩胛横突肌、颈腹侧锯肌、头半棘肌、头寰最长肌等的位置和形态。

（3）前肢肌的观察　观察前肢的背阔肌、冈上肌、冈下肌、肩胛下肌、三角肌、臂三头肌、前臂筋膜张肌、大圆肌、小圆肌、臂二头肌、臂肌、腕桡侧伸肌、指内侧伸肌、指总伸肌、指外侧伸肌、腕尺侧伸肌、腕尺侧屈肌、腕桡侧屈肌、指浅屈肌、指深屈肌等的位置和形态。

（4）胸、腹部肌的观察　观察背腰最长肌、背颈棘肌、髂肋肌、肋间外肌、肋间内肌、胸腹侧锯肌、斜角肌、前背侧锯肌、后背侧锯肌、腹外斜肌、腹直肌等的位置和形态。

（5）后肢肌的观察　切开骨盆联合，暴露股内侧肌群，观察臀中肌、阔筋膜张肌、股四头肌、臀股二头肌、半腱肌、半膜肌、股薄肌、缝匠肌、耻骨肌、内收肌、第 3 腓骨肌、趾内侧伸肌、趾长伸肌、趾外侧伸肌、腓骨长肌、趾深屈肌、腓肠肌、趾浅屈肌等的位置和形态。

3. 头颈部器官的观察

（1）头部器官的观察　观察口腔、唾液腺、鼻和脑的形态构造。牛上唇与两鼻孔间形成鼻唇镜；羊上唇有较窄的唇镜，并具有人中。打开口腔，可见：颊黏膜有锥状乳头；硬腭中间有腭缝，缝两侧形成横行的腭褶，前端无切齿，有齿枕和切齿乳头；硬腭后接软腭，在口咽侧壁上有扁桃体隐窝，内含腭扁桃体。腮腺位于下颌骨后缘，呈倒立的三角形；在腮腺深层可见呈新月形的颌下腺，延伸到下颌间隙；舌下腺位于舌体与下颌骨之间的黏膜下，呈片状，可分上、下两部分。实验末期，用刀沿耳根和下颌骨后缘的肌肉切开，寰枕关节不易切断，只需将头转动，边转边切，直至能分割头部。用砍刀沿头部正中打开，暴露鼻腔和颅腔，观察鼻腔和脑的形态构造。

（2）眼球的观察　类似猪的解剖环节，将眼球从眼眶取出，观察眼球壁的构造和内容物的组成。眼球壁包括纤维膜（角膜、巩膜）、血管膜（虹膜、睫状体、脉络膜）和视网膜（盲部、视部）。内容物包括眼房、房水、晶状体和玻璃体。牛的虹膜呈暗褐色，山羊的呈蓝色，绵羊的呈黄褐色。

（3）颈部器官的观察　可见喉后方两侧有红褐色的甲状腺。观察气管和食管在颈部的移行位置变化，在气管两侧可见颈总动脉、颈内静脉和白色的迷走交感神经干伴行。在颈部气管的两侧至胸腔纵隔前部，可见浅色的胸腺。

4. 整体观察体腔内各器官的位置和形态

（1）胸腔内器官的整体观察　将左侧胸壁的肋剪断并切除，暴露胸腔。可见胸腔被纵隔分为左、右两个腔，分别容纳左肺和右肺，腔内还有少量液体，注意观察心的位置、胸膜壁层和脏层的位置、胸膜腔形态以及纵隔的组成。可切开心包，观察心包腔内的心包液。

（2）腹腔内器官的整体观察　在耻骨前缘的腹白线上开一小口，然后将左手食指和中指插入腹膜腔中，掌心向外，右手持钝头手术剪，左手背抵着内脏，手术剪在左手两指间缓慢向前推进，止于剑状软骨处。然后将牛（羊）体右侧卧，从耻骨前缘切向左髋结节，再向最后肋骨的椎骨端切开腹壁。为了充分暴露左侧腹腔，切断膈与左腹壁连接的组织，将左腹壁切除。

打开牛（羊）腹腔后，先整体观察各器官的形态和位置，对比与猪腹腔内的脏器形态和位置的差异。可见瘤胃占据整个腹腔的左半部。瘤胃的左前背侧为脾，瘤胃的下部被大网膜包裹。大网膜起于瘤胃左、右纵沟和后沟，止于十二指肠和皱胃，折叠成双层的兜袋状，将胃、肠等包裹。剥开网膜，可见腹腔内的其他脏器都被瘤胃挤至腹腔的右侧。肝位于腹腔的前方，紧贴着膈。瘤胃的右侧面可见瓣胃、皱胃、卷曲的空肠和圆形的结肠盘。翻动脏器，观察左肾和右肾的位置、输尿管的移行路径、肾上腺和膀胱的位置和形态。观察公畜输精管的移行路径、精索的形态、腹股沟管的位置。如是母畜，翻动后部的肠管，观察卵巢、子宫的位置和形态。

（3）骨盆腔内的脏器整体观察　用砍刀将骨盆联合打开，暴露骨盆腔。公牛（羊）的骨盆腔背侧为直肠，腹侧为膀胱、尿生殖道盆部、副性腺。母牛（羊）的骨盆背侧则为直肠，直肠腹侧为子宫体、阴道、阴道前庭，子宫体腹侧为膀胱，尿道短并开口于阴道前庭。

5. 内脏器官形态构造的观察

为便于观察脏器，将舌连着食管附带喉和气管从口腔取出，从颈部将气管和食管提起，并用刀沿椎骨腹侧切断内脏与躯干连接的血管和组织，断离膈与胸腹壁的连接以及骨盆腔内壁与腔内脏器的连接，之后即可将内脏全部取出。在分离脏器与躯干连接之前，提前做好食管、气管的前端以及直肠末端的结扎。

（1）雄性生殖器官的观察　雄性生殖器官包括睾丸、附睾、输精管、尿生殖道、阴茎、副性腺、阴囊和包皮等。

①阴囊、睾丸、附睾、输精管和精索的观察：公牛和公羊阴囊位于两股之间，切开阴囊壁，观察总鞘膜、固有鞘膜、鞘膜腔以及精索的构造。睾丸呈长椭圆形，长轴与地面垂直，后缘有附睾；沿睾丸长轴做矢状切面，观察睾丸内部构造。输精管起始于附睾尾，在末端形成输精管壶腹。

②副性腺、阴茎和包皮的观察：尿生殖道盆部起始处背侧可见精囊腺和前列腺体部，尿道球腺被结缔组织和球海绵体肌覆盖。阴茎呈圆柱状，较长，呈乙状弯曲。牛阴茎头长而尖，扭曲状，游离端形成阴茎头帽。羊的阴茎头冠发达，尿道突细而长。包皮长而狭窄，包皮口周围有长毛。可做尿生殖道盆部和阴茎的横断面进行观察。

（2）雌性生殖器官的观察　雌性生殖器官包括卵巢、输卵管、子宫、阴道、阴道前庭和阴门。

①卵巢和输卵管的观察：母牛的卵巢呈扁的椭圆形，母羊的卵巢较圆、小，性成熟后成熟的卵泡和黄体可突出卵巢的表面。母牛的卵巢囊宽大。输卵管包括漏斗部、壶腹部和峡部。

②子宫、阴道、阴道前庭和阴门的观察：母牛和母羊的子宫角呈绵羊角状，后方形成伪体；子宫体和子宫角黏膜有子宫阜；子宫颈后方有子宫颈阴道部。观察子宫颈、阴道和阴道前庭时，可切开管壁，观察黏膜结构。母牛阴道前庭的阴瓣不明显，在尿道外口腹侧有尿道下憩室。母牛的阴唇背侧联合圆，而腹侧联合尖，其下方有一束毛。

（3）泌尿器官的观察　泌尿器官包括肾、输尿管、膀胱和尿道。

①肾的观察：牛肾为有沟多乳头肾，左肾呈三棱形，右肾呈扁的长椭圆形，右肾位于第12肋间隙至第2、第3腰椎横突的腹侧，左肾位置不固定。肾表面包有纤维囊，其外面还有脂肪包裹，形成脂肪囊。做肾的切面，观察肾的皮质部（淡褐色）、髓质部（深红色）以及肾叶、肾锥体、肾乳头、肾小盏、肾大盏（集收管）。羊肾为光滑单乳头肾，两肾呈豆形，右肾位于最后肋骨至第2腰椎下，左肾在瘤胃背囊的后方，第4～5腰椎下。羊肾窦内有明显的肾盂，肾总乳头突入肾盂，在总乳头两侧的肾锥体合并为肾嵴，故肾盂还形成相应的隐窝。

②输尿管、膀胱和尿道的观察：输尿管由肾门发出，向后移行，开口于膀胱颈的背侧。膀胱空虚时呈梨状，切开膀胱壁，观察黏膜和输尿管开口的特点。公畜的尿道分为尿生殖道盆部和尿生殖道阴茎部，公羊的尿道末端突出阴茎头形成的尿道突明显。母牛的尿道较短，在尿道外口下方有尿道下憩室。

（4）心的观察　将心与肺之间的血管以及连接的其他组织切断，分离出心，观察心的外部形态和内部构造。牛（羊）心外部形态和内部构造与猪的心脏相似。外部形态包括心房、心室、心基、心尖、冠状沟、室间沟、出入心基的血管和沟内相应的血管。内部构造包括左、右心室腔和左、右心房腔。心室分为流入道和流出道，左心室房室口瓣膜为二尖瓣，右心室房室口瓣膜为三尖瓣，主动脉口、肺动脉口都有3块袋状的瓣膜，在房室瓣有腱索连于室壁隆起的乳头肌上。左心房分为前、后两部分，右心房分为窦部和固有心房两部分。在牛的主动脉环内可见有两块心骨。了解心肌构造特点，如隔缘肉柱、梳状肌、乳头肌、心房肌和心室肌。

（5）呼吸器官的观察　呼吸器官包括鼻、咽、喉、气管和肺等。

①鼻、咽、喉和气管的观察：用砍刀打开一侧鼻腔，观察鼻腔内的鼻中隔、上鼻甲、中鼻甲（最大的筛鼻甲）、下鼻甲、鼻道及鼻黏膜，注意对比与猪鼻甲形态上的差异。咽包括鼻咽部、喉咽部和口咽部3部分。将喉和气管与颈胸段的食管分开，观察喉和气管形态构造。喉由甲状软骨、会厌软骨、勺状软骨和环状软骨4种软骨构成支架，表面附着喉肌，在喉腔中部内侧有呈V形的声带。气管先分出气管支气管入右肺前叶，再分为左、右主支气管入左、右肺，牛（羊）气管环游离的两端重叠形成气管嵴，对比与猪气管环形态上的差异。

②肺的观察：肺呈粉红色，质轻而有弹性，包括3个面和3个缘。3个面分别为肋面、膈面和内侧面，内侧面有心压迹和肺门；3个缘分别是背侧缘、腹侧缘和底缘。左肺分为前叶、中叶和后叶；右肺分为4叶，前叶（又分前、后两部分）、中叶、后叶和副叶，对比与猪肺分叶的差异。

（6）消化器官的观察　消化器官包括口腔、咽、食管、胃、十二指肠、空肠、回肠、盲肠、结肠、直肠、肛门、肝和胰等。

①舌和食管的观察：牛舌呈长卵圆形，舌体背侧有舌圆枕，舌尖和舌体背侧黏膜有许多的丝状乳头和菌状乳头，舌圆枕表面有圆锥状乳头和豆状乳头，舌圆枕后部两侧各有

8～17个轮廓乳头。羊舌较短，舌黏膜乳头种类与牛舌相似。食管较长，可分为颈、胸、腹3部分。

②肠的观察：牛（羊）的十二指肠由较短的肠系膜固定在右季肋部和右腹外侧区，分为3部3曲，顺次为前部、十二指肠前曲、降部、十二指肠后曲、升部、十二指肠空肠曲。在前部的第2曲有胆总管的开口，降部有胰管的开口（牛）。空肠围绕在结肠旋袢周围，肠管形成很多半环状弯曲。回肠位于右腹外侧区，肠管短而直，以回盲韧带与盲肠相连，末端开口于盲肠与结肠交界处。盲肠位于右腹外侧区，呈平滑圆筒状，盲端朝向骨盆腔。结肠大部分位于右腹外侧区，分升结肠、横结肠和降结肠。升结肠呈圆盘状，又分为结肠近袢、结肠旋袢和结肠远袢3段，结肠旋袢则又分为向心回、离心回和中央曲。直肠位于骨盆腔内，背侧与荐椎和尾椎相贴。注意对比与猪肠管在形态和位置上的差异。

③胃的观察：在贲门附近的食管和幽门附近的十二指肠做双重结扎，防止剪断后，内容物流出。结扎食管和十二指肠后，逐一切断肝与膈的连接，肝与瓣胃、皱胃间的小网膜，包围瘤胃的大网膜。最后再剪断已结扎的食管和十二指肠，将整个胃取出。观察完胃的形态构造后，可切开胃壁并洗净，观察胃黏膜。

牛（羊）胃包括瘤胃、网胃、瓣胃和皱胃。瘤胃为呈前、后稍长，左、右略扁的椭圆形囊状结构。在壁面和脏面，有左纵沟、右纵沟、前沟、后沟和冠状沟。瘤胃分为背囊、腹囊、瘤胃房、瘤胃隐窝、后背盲囊和后腹盲囊6个区域，进口为贲门，出口为瘤网口，贲门附近形成瘤胃前庭。瘤胃黏膜密布无数的瘤胃乳头，呈棕黑色。网胃呈梨形，位于瘤胃房的前方，进口为瘤网口，出口为网瓣口。其黏膜呈网格状，有网胃沟。瓣胃呈两侧稍扁的球形，在瘤胃和网胃交界处的右侧，凸缘为瓣胃弯，凹缘为瓣胃底，上方以瓣胃颈和网瓣口与网胃相接。瓣胃的进口为网瓣口，出口为瓣皱口。其黏膜形成许多大小不等的瓣叶，在瓣胃底形成瓣胃沟。皱胃为一端粗、另一端细的长囊状结构，位于网胃和瘤胃腹囊的右侧，瓣胃的腹侧和后方，分为胃底、胃体和幽门部3部分。皱胃的进口为瓣皱口，出口为幽门。皱胃黏膜形成12～14片螺旋大皱褶，有腺体，分为贲门腺区、胃底腺区和幽门腺区。贲门腺区为环绕瓣皱口的一小区域，色淡；幽门腺区为近十二指肠的一小区域，呈淡黄色；胃底腺区为前两区之间有大皱褶的部分，呈灰红色。

④肝的观察：牛（羊）肝大部分位于右季肋区，小部分位于左季肋区，呈长方形，淡褐色或深红褐色，分叶不明显。脏面可见有胆囊，胆总管开口于十二指肠乙状袢的第2曲。肝可分为左叶、右叶和中叶，中叶又分为方叶和尾状叶。尾状叶有乳头突和尾状突，在尾状突有肾压迹。左缘有后腔静脉经过和食管压迹。

⑤胰的观察：牛（羊）胰主要位于十二指肠降部与膈脚之间，呈不正的四边形，淡黄色，分为左叶、胰体和右叶。牛有单独的胰管开口于十二指肠降部，羊的胰管和胆总管合并开口于十二指肠前部。

（7）脾的观察　牛脾斜位于左季肋区，瘤胃背囊的左前方，呈长而扁的椭圆形，蓝紫色，质地较硬。羊脾位于瘤胃左侧，扁平，略呈三角形，红紫色。做脾脏的断面，观察断面的构造。

（8）内分泌器官的观察　垂体为一扁圆形小体，位于脚间窝，以漏斗连于下丘脑。甲状腺位于喉的后方，第3～5气管环的两侧面，牛甲状腺侧叶呈扁三角形，腺峡发达；绵羊甲状腺侧叶呈长椭圆形，山羊甲状腺的两侧叶不对称，二者腺峡均较细。肾上腺位于肾前内侧，往往在肾血管根部附近，牛右肾上腺呈心形，左肾上腺呈肾形；羊的左、右肾上腺都呈扁椭圆形。松果体为红褐色卵圆形小体，位于四叠体与丘脑之间。

（9）神经器官的观察　参照猪的解剖环节，将颅腔和脊柱切开，观察脑和脊髓的形态构造。

四、实验善后

实验结束后，做好场地、解剖器械的整理、清洁和消毒工作，将实验动物及附属品包装好，进行无害化处理。

五、实习总结

梳理实验步骤和知识点，结合图片，撰写实习报告。

实习三 鸡的解剖

【教学目标】

1. 掌握家禽的解剖方法。
2. 掌握家禽内脏的解剖特点。
3. 通过解剖鸡，掌握家禽各器官与家畜各器官的形态构造、位置关系的差异。

视频演示

一、材料及器具

实验动物、器械及辅助材料以小组为单位。

1. 实验动物：健康的成年鸡（约 2 kg），公、母各半。

2. 实验设备：电热水炉。

3. 解剖器械及辅助材料：手术刀、手术剪、镊子、止血钳各 3～4 把，托盘、塑料盆、塑料桶各 1 个，吸管 1 条，骨剪 1 把，棉线若干条，生理盐水 2 L 等。

二、注意事项

实验前，做好预习，熟悉实验步骤和相关知识，保证实验的顺利进行。实验过程中，做好个人防护，全程穿戴好实验服和手套；正确地使用相关器械特别是手术刀，以免误伤自己和他人；大型设备未经老师培训和允许，禁止操作。实验结束后的实验动物及其附属品禁止私自带离或随意丢弃，经统一包装后进行无害化处理。

三、方法与步骤

1. 分组及分工

每组 3 位同学（A、B、C），每组男、女同学组队。解剖过程中，A 同学负责结合资料引导实验的逐步开展和采集解剖过程中的图片和视频；B 同学担任主刀手，负责动物的解剖；C 同学作为助手，协助主刀手开展实验。

2. 解剖方法

（1）鸡的保定　C 同学右手抓住两翅膀（前肢）根部，左手同时固定两后肢。

（2）放血　放血部位在头颈交界处的腹外侧。在放血处拔少许羽毛以暴露下刀部位，刀与脖子呈斜角，下刀切至骨头，以血流成一条快速流出的线状为准。将血接至预先盛有生理盐水的塑料盆内。注意不要横刀切向颈部腹侧，以免切断气管，影响后续的气囊观察实验。观察鸡的瞳孔逐渐散大直至保持在最大的时候，可判断鸡已死亡。鸡在死亡前，身体会强力挣扎，需固定好。

（3）煺毛　将整只鸡放入盛有约 60% 热水（70 ℃左右）的桶中，水浴约 1 min，其间反复翻动，使之受热均匀。当脚上的角质皮较容易剥离，将鸡取出，然后顺羽毛方向拔除羽毛，最后洗净仰卧于解剖台上。

（4）剖开腹部　用手术剪（钝头）横切腹壁约 10 cm，逐层切开皮肤、脂肪和肌肉。手术时，注意用手或止血钳提起每一层组织后再切，以免割破肠管。充分暴露腹腔后，再沿颈部腹侧正中纵向剪开皮肤，分离气管，注意观察气管与食管的位置关系。在气管正中向心方向 45° 角剪开气管一小口（刚插入吸管为宜），插入吸管备用。

（5）观察气囊　气囊为禽类特有的器官，由支气管的分支出肺后形成。鸡气囊有 9 个，包括 1 对颈气囊、1 个锁骨气囊、1 对胸前气囊、1 对胸后气囊、1 对腹气囊。观察腹气囊方法如下：当暴露腹部内脏和气管插入吸管后，B 同学对吸管缓慢吹气，腹腔内脏间出现中空薄壁透明的气囊时，C 同学迅速用止血钳夹住气管防止气囊漏气。为观察其他气囊，在胸腹腔完全暴露后，可再次进行吸管吹气。

（6）完全暴露胸腹腔　观察完气囊后，自胸骨后缘两侧的肋骨中部向前剪至锁骨，然后把胸骨翻向前方。边翻边分离胸骨内侧与心、肝之间的膜性组织。掀开胸骨后，先整体观察胸腹腔脏器的形态和位置，可见在颈胸交界处有膨大的嗉囊，腹腔前方为红褐色的肝，肝两叶之间有圆锥形的心，腹腔后方可见肠管，轻微翻动肝、肠，观察脾、肺、生殖器官和肾等。整体观察胸腹腔各器官的正常位置后，再按脏器系统进行仔细观察。

3. 内脏器官的观察

（1）消化器官的观察　鸡的消化器官包括口腔、咽、食管和嗉囊、胃、肠、泄殖腔以及肝和胰。

①口腔和咽的观察：鸡口腔无唇和齿，颊不明显，以上、下喙作为采食器官。舌的形状与喙相似，黏膜无味觉乳头；舌体与舌根间有一列乳头，除舌体后部外，侧缘有角质和丝状乳头。硬腭中央有腭裂，与鼻腔相通；无软腭。口腔与咽腔无严格分界。鸡的唾液腺在口腔和咽黏膜上皮深层几乎连成一片，主要有上颌腺、腭腺、蝶腭腺、咽鼓管腺、下颌腺、舌腺等。

②食管和嗉囊的观察：鸡的食管宽大，壁薄，颈段长，胸段短。颈段食管与气管一同位于颈的右侧皮下，在进入胸腔之前，形成膨大的嗉囊。胸段食管以贲门接腺胃。

③胃的观察：鸡胃分为腺胃和肌胃。腺胃呈纺锤形，位于腹腔左侧，肝左、右两叶之间的背侧。切开腺胃，黏膜表面有许多隆起的腺胃乳头。肌胃紧接腺胃，略呈扁的椭圆形或圆形，暗红色，质地坚实，分为厚的背侧部、腹侧部和薄的前囊、后囊。肌胃的肌层发达，组成 2 块厚肌和 2 块薄肌，4 块肌肉在胃两侧以厚的中心腱相连。切开肌胃，可见沙砾，内壁有一层厚的类角质膜（肫皮），健康鸡易剥离。

④小肠的观察：小肠包括十二指肠、空肠和回肠 3 段。十二指肠位于腹腔右侧，以幽门起于肌胃前囊，形态呈向后的 U 形，两支中间夹有胰。空肠形成许多肠袢，位于腹腔的右侧，在中部有一小突起状的卵黄囊憩室（卵黄蒂）。回肠位于腹腔左侧，短而直，夹于两条

盲肠之间，以回盲韧带与盲肠相连。

⑤大肠的观察：大肠包括盲肠和直肠，直肠之后接泄殖腔。盲肠位于腹腔左侧，有两条，分为盲肠基、盲肠体和盲肠尖。盲肠基以盲肠口通直肠，壁内有盲肠扁桃体。鸡没有明显的结肠，只有一短的直肠，以系膜悬挂于盆腔背侧。

⑥泄殖腔的观察：泄殖腔分为粪道、泄殖道和肛道。粪道位于前部，比较宽大，向前与直肠相通，并以环形襞与泄殖道为界。泄殖道位于中部，背侧有1对输尿管通入，母鸡泄殖道左侧的腹外侧有输卵管的开口，公鸡泄殖道的腹内侧有1对输精管的开口。肛道位于后部，在幼禽肛道背侧有腔上囊（法氏囊）的开口，后方以泄殖孔通体外。

⑦肝和胰的观察：肝位于腹腔前下部，呈红褐色，分左、右两大叶，两叶背侧相连。右叶有一胆囊，其胆囊管开口于十二指肠末端；左叶的肝管不经胆囊直接与胆囊管共同开口于十二指肠末端。胰位于十二指肠肠袢内，呈淡黄色，长条状，可分为背侧叶、腹侧叶和很小的脾叶，有2～3条胰管与胆囊管和胆管一起开口于十二指肠末端。

（2）生殖器官的观察

①公鸡生殖器官的观察：公鸡生殖器官包括睾丸、附睾、输精管和交配器，无副性腺。睾丸1对，呈椭圆形，位于腹腔内，以短的睾丸系膜悬挂于肾前叶的腹侧，其体表投影于最后两肋骨上端。注意观察睾丸附近的血管，尤其是后腔静脉和髂总静脉。附睾很小，长纺锤形，紧贴在睾丸的背内侧。输精管为2条弯曲的细管，与同侧输尿管并行，到肾后端形成一略为膨大的纺锤形，末端形成输精管乳头，突出于泄殖道背侧输尿管开口的腹内侧。交配器不发达，由输精管乳头、脉管体、阴茎体和淋巴褶组成，位于泄殖腔后端腹侧。输精管乳头1对，位于泄殖道输尿管开口的腹侧。脉管体1对，扁平纺锤形，红色，位于泄殖道和肛道腹外侧壁。阴茎体位于肛道腹正中线，由1个正中阴茎体和1对外侧阴茎体组成。淋巴褶1对，为红色卵圆形，位于外侧阴茎体与输精管乳头之间。

②母鸡生殖器官的观察：母鸡生殖系统由卵巢和输卵管组成，仅左侧充分发育具有生殖功能。卵巢以短的卵巢系膜悬挂在左肾前叶腹侧，另一端以腹膜褶与输卵管相连。性成熟时，卵泡突出卵巢表面，并贮积大量卵黄，卵巢呈葡萄状。在产卵期，常有较大的成熟卵泡4～6个。输卵管为一条长而弯曲的管道，沿左腹侧后行，开口于泄殖腔。输卵管分为漏斗部、蛋白分泌部、峡部、子宫部和阴道部。漏斗部为前部，前端扩大呈漏斗状，朝向卵巢。其有呈长裂隙状的输卵管腹腔口，长约9 cm。蛋白分泌部为输卵管最长且弯曲的一段，管径大、壁厚，管壁内含有丰富的腺体。在活动期，其黏膜呈乳白色，形成高且宽大的纵行皱褶。峡部略窄而短，管壁较蛋白分泌部薄而坚实。子宫部呈囊状，较峡部粗大，壁较厚。阴道部为输卵管最后的一段，弯曲呈S形的短袢，最后开口于泄殖腔的左侧。

（3）心的观察　心位于胸腔前下方，夹在肝的两叶之间，呈圆锥形。心腔构造与哺乳动物相似，分为两心房和两心室。将心取出，切开后洗净，观察出入心的大血管，以及房室口瓣膜的形状。可见右房室口瓣膜不是三尖瓣，而是1片新月形的肌肉瓣，右心室无腱索和乳头肌。

（4）呼吸器官的观察　鸡的呼吸器官包括鼻、咽、喉、气管、鸣管、支气管、肺和气囊等。

①鼻的观察：鼻腔狭窄，鼻孔位于上喙基部，有一膜质鼻瓣位于鼻孔上缘。每侧鼻腔侧壁上有3个以软骨为支架的鼻甲（前、中、后鼻甲）。1对鼻后孔一同开口于咽顶壁前部

正中。

②喉的观察：喉位于咽底壁，在舌根后方，与鼻后孔相对，仅有环状软骨和勺状软骨。喉口呈缝状，周围的黏膜有乳头。喉内无声带，不是发声器官。喉软骨上分布有扩张和闭合喉口的肌性瓣膜。

③气管和鸣管的观察：气管长而粗，由O形的软骨环构成，沿颈部腹侧偏右而行，进入胸腔后，在心基上方分为两个支气管，分叉处形成鸣管。鸣管是鸡的发声器官，由气管和支气管的几枚软骨环，以及一特殊的鸣骨构成支架。鸣骨呈楔形，位于气管叉的顶部，将鸣腔一分为二，在支架上具有2对内、外鸣膜，两鸣膜形成1对狭缝。注意与鸭的鸣泡的形态对比。

④肺的观察：肺呈粉红色，左、右两肺略呈扁平四边形，不分叶，紧贴于胸腔背侧。因背侧面嵌入肋骨之间，表面形成几条肋沟；腹侧面覆以膜质肺膈。支气管进入肺后，贯穿全肺，后端出肺后连接于腹气囊。

（5）泌尿器官的观察　禽类泌尿系统由肾和输尿管组成。肾位于综荐骨两旁和髂骨内面的肾窝内，分前、中、后3部分，呈暗褐色，质软而脆。肾无肾门，血管、神经和输尿管直接从表面进出肾脏。输尿管在肾内不形成肾盂和肾盏，而是分支为初级分支和次级分支。输尿管从肾中部通出，沿肾的腹侧后行，开口于泄殖道背侧。输尿管的管壁薄，有时看到管腔内有白色尿酸盐晶体。

（6）淋巴器官的观察　禽类的淋巴器官包括胸腺、腔上囊、脾、淋巴结和淋巴组织，其中鸡无淋巴结。胸腺在鸡气管两侧的皮下，可见2排淡灰黄色的胸腺，每侧7～8个。性成熟时最发达，之后逐渐退化。脾呈圆形，红褐色，位于腺胃的右侧。腔上囊位于泄殖腔的背侧，呈椭圆形，淡灰白色，剖开可见黏膜有叶状的隆起。性成熟时腔上囊最大，之后逐渐退化。淋巴组织广泛分布于禽消化道管壁内，如回肠淋巴集结和盲肠扁桃体。回肠淋巴集结位于回肠后段，有直径约1 cm的弥散性淋巴组织。盲肠扁桃体位于盲肠基部，较发达。

（7）神经器官的观察

①脑的观察：切开头部，小心将脑取出。鸡脑比较小，可见大脑、小脑、间脑、中脑和延髓，无脑桥。大脑半球呈背侧弯曲的棱锥形结构，表面光滑，仅有1条浅沟，前端为细长的嗅球，后端与大脑脚之间有隆起的视叶。小脑呈长卵圆形，中间的蚓部发达，两侧为较小的绒球。间脑较短，主要结构有丘脑和下丘脑。如将大脑半球向两侧分开，可见2个圆形隆起的丘脑，丘脑后面有松果体。腹侧可见垂体借垂体柄与下丘脑相连。中脑由大脑脚、视叶和中脑导水管组成。延髓较脊髓粗，中央管扩大形成第四脑室。

②坐骨神经的观察：用手术刀柄将中部肾小心挖出，可见白色的坐骨神经向后肢延伸。

四、实验善后

实验结束后，做好场地、解剖器械的整理、清洁和消毒工作，将实验动物及附属品包装好，进行无害化处理。

五、实习总结

梳理实验步骤和知识点，结合图片，撰写实习报告。

参考文献

董常生，2015. 家畜解剖学 [M]. 5 版 . 北京：中国农业出版社 .

陈耀星，2010. 畜禽解剖学 [M]. 3 版 . 北京：中国农业大学出版社 .

陈耀星，崔燕，2019. 动物解剖学与组织胚胎学：全彩版 [M]. 北京：中国农业出版社 .

彭克美，2023. 畜禽解剖学 [M]. 4 版 . 北京：高等教育出版社 .

Budras K D, Habel R E, 2011. Bovine Anatomy [M]. 2nd ed. Hannover, Germany: Schlütersche Verlagsgesellschaft mbH & Co. KG.